MÉMOIRES

D'ALGÈBRE SUPÉRIEURE,

Par M. J.-A. SERRET,

Examinateur pour l'admission à l'École Polytechnique.

PARIS,

BACHELIER, IMPRIMEUR-LIBRAIRE

de l'École Polytechnique et du Bureau des Longitudes,

Quai des Augustins, n° 55

1850.

MÉMOIRES

D'ALGÈBRE SUPÉRIEURE.

MÉMOIRES

D'ALGÈBRE SUPÉRIEURE,

Par M. J.-A. SERRET,

Examinateur pour l'admission à l'École Polytechnique.

PARIS,

BACHELIER, IMPRIMEUR-LIBRAIRE

de l'École Polytechnique et du Bureau des Longitudes,

Quai des Augustins, n° 55.

1850.

MÉMOIRE

SUR

LE NOMBRE DE VALEURS

QUE PEUT PRENDRE UNE FONCTION
QUAND ON Y PERMUTE LES LETTRES QU'ELLE RENFERME;

Par M. J.-A. SERRET.

(Présenté à l'Académie des Sciences, le 2 juillet 1849.)

[Extrait du *Journal de Mathématiques pures et appliquées*, tome XV, 1850.]

INTRODUCTION.

Les géomètres qui se sont occupés de la théorie des équations algébriques, ont été conduits naturellement à étudier diverses questions relatives au nombre de valeurs que peut prendre une fonction quand on y permute les lettres qu'elle renferme.

Lagrange est le premier qui soit entré dans cette voie, en démontrant que *le nombre des valeurs d'une fonction de n lettres est toujours un diviseur du produit* $1.2.3...n$ [*].

Plus tard, Ruffini considéra particulièrement les fonctions de cinq lettres, et démontra, dans sa *Théorie des Equations,* qu'*une fonction de cinq lettres qui a moins de cinq valeurs ne peut en avoir plus de deux.*

Ce théorème fut étendu ensuite aux fonctions d'un nombre quel-

---

[*] *Mémoires de l'Académie de Berlin,* années 1770 et 1771.

J.-A. S.   1

conque de lettres, par Pietro Abatti, compatriote de Ruffini, qui démontra [*] qu'*une fonction d'un nombre quelconque de lettres ne peut avoir moins de cinq valeurs, si elle en a plus de deux.*

Tel était l'état de la question lorsque M. Cauchy vint à s'en occuper. Ce géomètre, prenant pour point de départ les travaux de Ruffini et d'Abatti, publia dans le tome X du *Journal de l'Ecole Polytechnique* un Mémoire très-remarquable [**] où se trouve démontré ce beau théorème qui comprend ceux de Ruffini et d'Abatti :

Une fonction de n lettres qui a plus de deux valeurs en a au moins un nombre égal au plus grand nombre premier contenu dans n.

On conclut de là, si n est premier, que

Une fonction de n lettres qui a plus de deux valeurs en a au moins n.

M. Cauchy donne à penser qu'il chercha à étendre ce dernier théorème au cas des fonctions d'un nombre quelconque de lettres, mais il ne put y parvenir que pour les fonctions de six lettres. Il a, en effet, démontré dans son Mémoire, que

Si une fonction de six lettres a plus de deux valeurs, elle en a au moins six.

Enfin, M. Bertrand présenta, il y a trois ans, à l'Académie, un Mémoire qui fait aujourd'hui partie du xxxe cahier du *Journal de l'Ecole Polytechnique,* et où il se proposait, comme objet principal, de démontrer généralement que

Si une fonction de n lettres a plus de deux valeurs, elle en a au moins n.

On sait que M. Bertrand est parvenu à établir ce théorème en faisant usage du postulatum suivant :

Si n est > 7, il y a au moins un nombre premier compris entre $\frac{n}{2}$ et $n - 2$.

Les Tables de nombres premiers ont permis de vérifier l'exactitude

----

[*] *Mémoires de la Société Italienne,* tome X.
[**] *Voyez* aussi mon *Cours d'Algèbre supérieure,* page 248.

de ce postulatum pour les valeurs de n comprises entre 7 et 6 000 000, en sorte que le théorème de M. Bertrand se trouve démontré par lui pour les fonctions qui ont moins de 6 000 000 de variables.

M. Bertrand a aussi démontré dans son Mémoire que, n étant > 9,

Si une fonction de n lettres a plus de n valeurs, elle en a au moins $2n$.

Tels sont les principaux faits acquis jusqu'à ce jour à cette théorie. Le Mémoire que j'ai l'honneur de présenter à l'Académie se compose de deux parties. Dans la première, je démontre, sans avoir recours à aucun postulatum : 1° qu'une fonction de n lettres qui a moins de n valeurs, n'en a que deux au plus, si n est > 4; 2° qu'une fonction de n lettres qui a précisément n valeurs est symétrique par rapport à $n - 1$ lettres, à moins que n ne soit égal à 6. Dans la seconde partie, je démontre : 1° qu'une fonction de n lettres qui a plus de n valeurs, en a au moins $2n$, si n est > 8; 2° qu'une fonction de n lettres qui a plus de $2n$ valeurs, en a au moins $\dfrac{n(n-1)}{2}$, si n est > 12.

Ainsi, à part les cas d'exception que je signale, le nombre des valeurs que peut avoir une fonction de n lettres est 1, 2, n, $2n$ ou $\dfrac{n(n-1)}{2}$, ou un nombre supérieur.

La méthode dont je fais usage diffère essentiellement de celles qu'on a employées jusqu'ici. Je n'emprunte aux travaux antérieurs que les résultats relatifs à la forme des fonctions qui n'ont que deux valeurs. Je crois nécessaire de les rappeler dans cette introduction pour faciliter l'intelligence de ce qui va suivre.

LEMME I. *Si*

$$V = \varphi(a, b, c, d, ..., k, l)$$

est une fonction de n lettres qui prend μ valeurs distinctes

$$V_1, \quad V_2, ..., \quad V_\mu,$$

quand on y permute les lettres a, b, etc., toute fonction symétrique de V_1, V_2,..., V_μ, est également une fonction symétrique des lettres a, b, c, d,..., k, l.

Cette proposition est presque évidente. (*Voyez* mon *Cours d'Algèbre supérieure*, deuxième Leçon.)

LEMME II. *Si une fonction d'un nombre quelconque de lettres n'a que deux valeurs distinctes, elle change nécessairement de valeur par la transposition de deux lettres quelconques.*

'Soit

$$V = \varphi(a, b, c, d, ..., k, l)$$

une fonction d'un nombre quelconque de lettres qui n'a que deux valeurs. Prenons trois lettres quelconques a, b, c, et faisons les trois arrangements

$$a, b, c; \quad b, c, a; \quad c, a, b.$$

Il en résultera ces trois valeurs de la fonction V :

$$\varphi(a, b, c, ...),$$
$$\varphi(b, c, a, ...),$$
$$\varphi(c, a, b, ...).$$

Mais comme, par hypothèse, la fonction V n'a que deux valeurs distinctes, parmi les trois qu'on vient d'écrire, il y en a au moins deux qui sont égales entre elles. Or je dis qu'elles sont égales toutes trois.

Supposons, en effet, qu'on ait

$$(1) \qquad \varphi(a, b, c, ..) = \varphi(b, c, a, ...);$$

comme cette égalité doit avoir lieu identiquement, on peut y remplacer les lettres a, b, c, respectivement par b, c, a ; il vient alors

$$(2) \qquad \varphi(b, c, a, ...) = \varphi(c, a, b, ...),$$

et l'on voit que les trois valeurs de V que nous considérons sont égales entre elles.

Si, au lieu d'admettre l'égalité (1), on admet l'égalité (2), en y remplaçant a, b, c, respectivement par b, c, a, il vient

$$(3) \qquad \varphi(c, a, b, ...) = \varphi(a, b, c, ...),$$

ce qui montre que les trois valeurs de V sont égales entre elles.

Enfin la même chose a lieu si l'on admet l'égalité (3), car en y échangeant a, b, c, respectivement en b, c, a, on retombe sur l'égalité (1).

Il résulte de là que la fonction V n'est pas changée quand on remplace les trois lettres a, b, c, respectivement par b, c, a.

Nous représenterons, pour abréger, par la notation (a, b) la *transposition* des lettres a et b, c'est-à-dire l'opération qui a pour but de changer ces deux lettres l'une avec l'autre. D'après ce qui précède, la fonction V ne change pas, si on lui applique successivement les deux transpositions (a, b), (a, c), car l'effet de ces deux transpositions revient au changement de a, b, c en b, c, a.

Supposons que la transposition (a, b) change V en V_1 (V_1 pouvant être égal à V), la transposition (a, c) devra changer V_1 en V, et, par conséquent, V en V_1; car faire deux fois de suite une même transposition, c'est ne faire aucun changement. Donc deux transpositions (a, b), (a, c) qui ont une lettre commune produisent sur la fonction V le même changement. Il en est de même des transpositions (a, c), (c, d) qui ont la lettre c commune, et, par suite aussi, des deux transpositions (a, b), (c, d) qui n'ont aucune lettre commune. Mais la fonction V n'étant pas symétrique par hypothèse, il y a au moins une transposition qui change sa valeur; donc toutes les transpositions devront la changer en vertu de ce qui précède.

Forme générale des fonctions qui n'ont que deux valeurs.

On peut, quel que soit n, former des fonctions de n lettres qui n'aient que deux valeurs distinctes.

Soient, en effet, n lettres,

$$a,\ b,\ c,\ d,...,\ k,\ l,$$

et désignons par v le produit de toutes les différences obtenues, en retranchant de chacune de ces lettres successivement chacune des suivantes, en sorte qu'on ait

$$v = (a - b)(a - c)...(a - l)(b - c)...(k - l).$$

Le carré de v est évidemment une fonction symétrique, et, par suite,

ν ne peut avoir que deux valeurs égales et de signes contraires. De plus, ces deux valeurs existent effectivement, car il est évident que ν se change en $-\nu$ par la transposition des lettres a et b.

Soient maintenant A et B deux fonctions symétriques des n lettres a, b, c, d,..., k, l. La fonction

$$A + B\nu,$$

plus générale que ν, n'a évidemment que les deux valeurs distinctes $A + B\nu$ et $A - B\nu$. Or je dis que toute fonction de n lettres qui n'a que deux valeurs, a la forme $A + B\nu$.

Soit, en effet, V une fonction de n lettres a, b, c, d,..., k, l qui n'a que deux valeurs distinctes, et désignons par V_1 et V_2 ces deux valeurs. Il est évident que la fonction $V_1\nu$ n'a aussi que deux valeurs, car, d'après le lemme II, toute transposition change V_1 en V_2, V_2 en V_1, et ν en $-\nu$; d'où il suit que la fonction $V_1\nu$ n'a que ces deux valeurs

$$V_1\nu \quad \text{et} \quad -V_2\nu.$$

Donc, d'après le lemme I, si l'on fait

$$V_1 + V_2 = A,$$
$$V_1\nu - V_2\nu = B,$$

A et B seront des fonctions symétriques. Des équations précédentes on tire

$$V_1 = \frac{A}{2} + \frac{B}{2\nu} = \frac{A}{2} + \frac{B}{2\nu^2}\nu;$$

or $\frac{A}{2}$ et $\frac{B}{2\nu^2}$ étant des fonctions symétriques, on peut écrire plus simplement

$$V_1 = A + B\nu,$$

A et B désignant des fonctions symétriques, et ν la valeur écrite plus haut.

La proposition que nous avions en vue est ainsi démontrée.

PREMIÈRE PARTIE.

PROPOSITION I.

LEMME.

Soient

$$V_1, \quad V_2, \ldots, \quad V_\mu,$$

μ *fonctions de n lettres* $a, b, c, d, \ldots, k, l$: *si les coefficients de l'équation*

$$(1) \qquad (x - V_1)(x - V_2)\ldots(x - V_\mu) = 0,$$

ordonnée par rapport aux puissances de x, *sont des fonctions symétriques des n lettres* $a, b, c, d, \ldots, k, l$, *la fonction* V_1 *ne pourra acquérir par les permutations de ces n lettres que des valeurs faisant partie de la série*

$$V_1, \quad V_2, \ldots, \quad V_\mu.$$

En effet, faisons subir aux lettres $a, b, c, d, \ldots, k, l$ une permutation quelconque, l'équation (1) ne changera pas, puisque ses coefficients sont des fonctions symétriques; donc ses racines ne changeront pas non plus.

Ainsi, en faisant une permutation quelconque, les fonctions

$$V_1, \quad V_2, \ldots, \quad V_\mu$$

sont invariables, ou se changent les unes dans les autres. Ce qu'il fallait démontrer.

PROPOSITION II.

THÉORÈME [*].

Le nombre des valeurs d'une fonction de n lettres est nécessairement un diviseur du produit $1.2.3\ldots n$.

---

[*] Ce théorème est bien connu et se présente pour ainsi dire de lui-même. Si nous en parlons ici, c'est moins pour en donner une démonstration nouvelle que pour dispenser le lecteur d'avoir recours aux travaux antérieurs.

Soit
$$V = \varphi(a, b, c, d, \ldots, k, l)$$

une fonction de n lettres, qui a μ valeurs distinctes
$$V_1, \quad V_2, \ldots, \quad V_\mu.$$

Formons l'équation du degré μ.
$$(x - V_1)(x - V_2)\ldots(x - V_\mu) = 0,$$

que nous représenterons aussi par
$$\Psi(x) = 0,$$

$\Psi(x)$ étant, d'après le lemme I de l'introduction, un polynôme en x dont les coefficients sont des fonctions symétriques des n lettres a, b, c, $d, \ldots, k$, l.

Soit aussi, pour abréger,
$$1.2.3\ldots n = N.$$

Formons les N permutations des lettres a, b, $c, \ldots$, k, l, et remplaçons les lettres de V successivement par celles de chacune de ces permutations; on aura N valeurs de V, que nous représenterons par
$$V_1, \quad V_2, \ldots, \quad V_N,$$

et si l'on désigne par
$$F(x) = 0$$

l'équation
$$(x - V_1)(x - V_2)\ldots(x - V_N) = 0,$$

il est évident que les coefficients de $F(x)$ sont des fonctions symétriques des n lettres a, b, c, $d, \ldots$, k, l.

Maintenant $F(x)$ est divisible par $\Psi(x)$; soit ρ la plus haute puissance de $\Psi(x)$ qui divise $F(x)$, et posons
$$F(x) = [\Psi(x)]^\rho \, \Psi_1(x),$$

je dis que $\Psi_1(x)$ ne peut dépendre de x, et qu'elle est, par suite, égale à 1. Supposons, en effet, que le contraire ait lieu; $\Psi_1(x)$ est une fonction symétrique de a, b, c, $d, \ldots$, k, l, d'après l'équation précédente; donc, d'après la proposition I, V ne peut avoir d'autres valeurs que celles qui sont racines de l'équation

$$\Psi_1(x) = 0.$$

Mais cela est impossible, car cette équation n'a pas les μ racines V_1, $V_2,\dots, V_\mu$; puisque alors $F(x)$ serait divisible par une puissance de $\Psi(x)$ supérieure à la $\rho^{ième}$.

On ne peut donc supposer que $\Psi_1(x)$ soit fonction de x; cette quantité sera dès lors égale à 1, et l'on aura

$$F(x) = [\Psi(x)]^\rho,$$

et, par conséquent,

$$N = \mu\rho.$$

Ce qu'il fallait démontrer.

PROPOSITION III.

LEMME.

Si une fonction de n lettres a $\mu + \nu$ valeurs, et qu'elle ne prenne que μ valeurs distinctes par les permutations de m lettres, il y aura aussi m lettres parmi les n que contient la fonction, dont les permutations lui feront acquérir un nombre de valeurs distinctes égal ou inférieur à ν.

Soit

$$V = \varphi(a, b, c, d,\dots, k, l)$$

une fonction de n lettres ayant $\mu + \nu$ valeurs, et supposons que par les permutations des m lettres

$$g, \quad h,\dots, \quad k, \quad l,$$

la fonction V ne prenne que les μ valeurs

$$V_1, \quad V_2,\dots, \quad V_\mu.$$

Soient aussi

$$V_{\mu+1}, \quad V_{\mu+2},\dots, \quad V_{\mu+\nu}$$

les ν autres valeurs dont V est susceptible.

Les coefficients de l'équation

$$(x - V_1)(x - V_2)\dots(x - V_{\mu+\nu}) = 0,$$

sont des fonctions symétriques des n lettres a, b, c, d,..., k, l;
pareillement les coefficients de l'équation

$$(x - V_1)\,(x - V_2)...(x - V_\mu) = 0,$$

sont des fonctions symétriques des m lettres g, h,..., k, l; donc l'équation qu'on obtient en divisant les deux précédentes, savoir

$$(x - V_{\mu+1})\,(x - V_{\mu+2})\,(x - V_{\mu+\nu}) = 0,$$

a aussi pour coefficients des fonctions symétriques de g, h,..., k, l.
Par conséquent, d'après la proposition I, la fonction $V_{\mu+1}$ ne peut
acquérir, par les permutations des lettres g, h,..., k, l, de valeurs
différentes des ν suivantes

$$V_{\mu+1}, \quad V_{\mu+2},..., \quad V_{\mu+\nu},$$

Donc enfin, parmi les n lettres qui entrent dans la fonction V, il y
en a m dont les permutations font acquérir à cette fonction un
nombre de valeurs distinctes égal ou inférieur à ν.

Corollaire. *En particulier, si une fonction de n lettres a μ valeurs
distinctes, dont $\mu - 1$ seulement peuvent être obtenues par les permutations de m lettres, la fonction est symétrique par rapport à m
lettres.*

PROPOSITION IV.

LEMME.

*Si une fonction non symétrique de n lettres, n étant > 4, est
symétrique par rapport à $n - 2$ de ces lettres, le nombre des valeurs
distinctes de la fonction est n, $\dfrac{n\,(n-1)}{2}$ ou $n\,(n-1)$.*
Soit

$$V = \varphi\,(a, b, c, d,..., k, l)$$

une fonction de n lettres, symétrique par rapport aux $n - 2$ lettres

$$c, d,..., k, l.$$

1°. Si cette fonction ne change pas de valeur par la transposition
de l'une des lettres a et b, b par exemple, avec l'une des $n - 2$

autres, elle sera symétrique par rapport aux $n - 1$ lettres

$$b, c, d,..., k, l;$$

et comme, par hypothèse, elle n'est pas symétrique par rapport aux n lettres, elle aura précisément n valeurs.

2°. Supposons que la fonction V change par la transposition de l'une quelconque des deux lettres a et b avec l'une des $n - 2$ autres, et qu'elle ne soit pas symétrique par rapport aux deux lettres a et b.

On formera évidemment toutes les valeurs dont la fonction V est susceptible, en faisant les $n(n - 1)$ arrangements deux à deux des n lettres

$$a, b, c, d,..., k, l,$$

et permutant dans la valeur de V. les deux lettres a et b successivement avec les deux lettres de chacun de ces arrangements. Or je dis que toutes les valeurs de V formées ainsi sont différentes.

En effet, les deux valeurs de V qui correspondent à deux arrangements formés des mêmes lettres, a, b et b, a par exemple, ne peuvent être égales, puisque l'égalité

$$\varphi(a, b, c, d,..., k, l) = \varphi(b, a, c, d,..., k, l)$$

exige que la fonction V soit symétrique par rapport à a et b, ce qui est contre l'hypothèse.

Pareillement, les deux valeurs de V qui correspondent à deux arrangements ayant une lettre commune, tels que a, b et a, c, ou a, b et c, a, sont différentes. En d'autres termes, on ne peut avoir

$$\varphi(a, b, c, d,..., k, l) = \varphi(a, c, b, d,..., k, l),$$

ni

$$\varphi(a, b, c, d,..., k, l) = \varphi(c, a, b, d,..., k, l).$$

L'impossibilité de ces égalités résulte de ce que le premier membre de chacune d'elles est symétrique par rapport aux deux lettres c et d, tandis que le second ne l'est pas par hypothèse.

Enfin les deux valeurs de V qui correspondent à deux arrangements a, b et c, d qui n'ont aucune lettre commune, sont aussi différentes ; on ne peut avoir

$$\varphi(a, b, c, d, \ldots, k, l) = \varphi(c, d, a, b, \ldots, k, l),$$

parce que le premier membre est symétrique par rapport à c et d, tandis que le second ne l'est pas.

On voit donc que le nombre des valeurs distinctes de V est $n(n-1)$.

3°. Supposons, enfin, que la fonction V change par la transposition de l'une quelconque des lettres a et b avec l'une des $n-2$ autres, mais qu'elle soit symétrique par rapport aux deux lettres a et b.

Dans ce cas, on formera toutes les valeurs de V en faisant les $\frac{n(n-1)}{2}$ combinaisons deux à deux des n lettres

$$a, \; b, \; c, \; d, \ldots, \; k, \; l,$$

et permutant dans la valeur de V les deux lettres a et b successivement avec les deux lettres de chacune de ces combinaisons. Or je dis que toutes les valeurs de V ainsi formées seront différentes si n est supérieur à 4.

En effet, deux valeurs de V qui correspondent à deux combinaisons a, b et a, c, qui ont une lettre commune, sont différentes ; on ne peut avoir

$$\varphi(a, b, c, d, \ldots, k, l) = \varphi(a, c, b, d, \ldots, k, l),$$

parce que le premier membre est symétrique par rapport à a et b, et que le second ne l'est pas par hypothèse.

Pareillement, deux valeurs de V qui correspondent à deux combinaisons a, b et c, d, qui n'ont aucune lettre commune, sont aussi différentes ; en d'autres termes, on ne peut avoir

$$\varphi(a, b, c, d, \ldots, k, l) = \varphi(c, d, a, b, \ldots, k, l),$$

parce que le premier membre est symétrique par rapport aux $n-2$ lettres c, $d, \ldots, k$, l, et que le second ne l'est pas par hypothèse si n est > 4.

On voit donc que le nombre des valeurs distinctes de V est $\frac{n(n-1)}{2}$.

Remarque. La démonstration de ce dernier cas suppose essentiellement $n > 4$; car si l'on a $n = 4$, on ne peut plus dire que l'égalité

$$\varphi\,(a, b, c, d) = \varphi\,(c, d, a, b)$$

soit impossible. Cette égalité peut, au contraire, avoir lieu; cela arrive en particulier pour la fonction

$$ab + cd,$$

et pour une infinité d'autres.

CorollAire. *Si une fonction de n lettres symétrique par rapport à $n - 2$ lettres a n valeurs, elle doit être symétrique par rapport à $n - 1$ lettres.*

PROPOSITION V.

LEMME.

Si une fonction de n lettres n'a que deux valeurs par les permutations de $n - 1$ lettres, elle a 2 ou 2n valeurs par les permutations de toutes les lettres, n étant > 3.

Soit

$$V = \varphi\,(a, b, c, d, ..., k, l)$$

une fonction de n lettres, n étant > 3, qui n'a que deux valeurs par les permutations des $n - 1$ lettres

$$b, \quad c, \quad d, ..., \quad k, \quad l;$$

en désignant par v le produit des différences de ces $n - 1$ lettres deux à deux, en sorte qu'on ait

$$v = (b - c)\,(b - d)...(k - l),$$

V aura la forme

$$V = A + Bv,$$

A et B étant des fonctions des n lettres a, b, c, etc., symétriques par rapport aux $n - 1$ dernières.

Cela posé, je distinguerai deux cas suivant que la fonction A est symétrique ou non symétrique par rapport aux n lettres.

1°. Si A est symétrique par rapport aux n lettres, V a précisément autant de valeurs que Bv; mais le carré de Bv est symétrique par rapport aux $n - 1$ lettres b, c, d,..., k, l, donc il a n valeurs, ou une seulement s'il est symétrique par rapport à toutes les lettres. Par conséquent, Bv ou V a 2 ou $2n$ valeurs.

2°. Si A n'est symétrique que par rapport aux $n - 1$ lettres b, c, d,..., k, l, faisons les n transpositions

$$(a, a), \quad (a, b), \quad (a, c),..., \quad (a, l),$$

et désignons par

$$A_1, \quad A_2,..., \quad A_n$$

les valeurs qui en résultent pour A ; par

$$B_1, \quad B_2,..., \quad B_n$$

les valeurs correspondantes de B qui peuvent être égales entre elles, et par

$$v_1, \quad v_2,..., \quad v_n$$

celles de v. On aura ces $2n$ valeurs de V, les seules que cette fonction puisse avoir,

$$A_1 \pm B_1 v_1,$$
$$A_2 \pm B_2 v_2,$$
$$\cdot \quad \cdot \quad \cdot \quad \cdot \quad \cdot \quad \cdot$$
$$A_n \pm B_n v_n;$$

et je dis que ces $2n$ valeurs de V sont différentes si n est > 3. En effet, si l'on avait, par exemple,

$$A_1 \pm B_1 v_1 = A_2 \pm B_2 v_2,$$

il en résulterait

$$A_1 - A_2 = \pm B_2 v_2 \mp B_1 v_1;$$

or le premier membre n'est pas nul, et il est symétrique par rapport aux $n - 2$ lettres c, d,..., k, l; B_1 et B_2 sont également symétriques par rapport à ces lettres, tandis que v_1 et v_2 changent de signe par la transposition de deux quelconques de ces $n - 2$ lettres; l'égalité précédente est donc impossible si $n - 2$ est au moins égal à 2, c'est-à-dire si n est > 3.

La fonction V a donc $2n$ valeurs.

COROLLAIRE. *Si une fonction de n lettres, n étant > 4, a deux valeurs seulement par les permutations de $n - 2$ lettres, le nombre des valeurs que cette fonction peut prendre par les permutations de toutes les lettres est égal à 2, ou supérieur à n.*

Soit

$$V = \varphi(a, b, c, d, \ldots, k, l)$$

une fonction de n lettres, n étant > 4, qui n'a que deux valeurs par les permutations des $n - 2$ lettres

$$c, \quad d, \ldots, \quad k, \quad l.$$

D'après la proposition qui précède, comme on suppose $n - 1 > 3$, la fonction V aura 2 ou $2(n - 1)$ valeurs par les permutations des $n - 1$ lettres

$$b, \quad c, \quad d, \ldots, \quad k, \quad l.$$

Dans le dernier cas, le nombre total des valeurs de V est supérieur à n. Si, au contraire, la fonction V n'a que deux valeurs par les permutations des $n - 1$ lettres

$$b, \quad c, \quad d, \ldots, \quad k, \quad l,$$

elle en aura 2 ou $2n$ par les permutations de toutes les lettres.

Le corollaire est donc démontré.

PROPOSITION VI.

LEMME.

Si une fonction de n lettres, non symétrique, a un nombre impair de valeurs distinctes, il est impossible qu'elle prenne toutes les valeurs dont elle est susceptible, par les seules permutations de $n - 2$ lettres.

Soit

$$V = \varphi(a, b, c, d,..., k, l)$$

une fonction de n lettres ayant un nombre impair μ de valeurs distinctes, et supposons qu'elle puisse prendre ses μ valeurs par les seules permutations des $n - 2$ lettres

$$c, \quad d,..., \quad k, \quad l.$$

Représentons ces μ valeurs par

$$(1) \qquad \varphi_1(a, b,...), \quad \varphi_2(a, b,...),..., \quad \varphi_\mu(a, b,...).$$

Il est d'abord évident que la fonction V ne peut être symétrique par rapport aux lettres a et b, car toutes les valeurs qu'elle peut prendre seraient symétriques par rapport à a et b, et, par conséquent, cette fonction serait symétrique par rapport à deux lettres quelconques, ce qui est contre l'hypothèse.

Cela étant, faisons dans les fonctions (1) la transposition (a, b), elles deviennent

$$(2) \qquad \varphi_1(b, a,...), \quad \varphi_2(b, a,...),..., \quad \varphi_\mu(b, a,...).$$

Les fonctions (1) étant distinctes par hypothèse, les fonctions (2) le sont aussi, et comme la série (1) comprend toutes les valeurs de V, les fonctions (2) ne différeront pas des fonctions (1); d'ailleurs les termes de même rang de ces suites ne peuvent être égaux, puisque la fonction V n'est pas symétrique par rapport à a et b. Supposons donc que l'on ait

$$\varphi_1(a, b,...) = \varphi_\mu(b, a,...),$$

en changeant a et b l'une avec l'autre, il vient

$$\varphi_1(b, a,...) = \varphi_\mu(a, b,...);$$

d'où il suit que les termes de la suite (1) peuvent être groupés deux à deux, de manière que les deux termes d'un même groupe se changent l'un dans l'autre, par la transposition (a, b). Or cela est impossible, puisque μ est un nombre impair. La proposition est donc démontrée.

PROPOSITION VII.

LEMME.

Si une fonction de n lettres

$$V = \varphi(a, b, c, d, ..., k, l)$$

prend toutes ses valeurs par les seules permutations des $n - 2$ lettres

$$c. \quad d, ..., \quad k, \quad l,$$

le nombre de ces valeurs est double du nombre de valeurs que prend la fonction

$$X = [x - \varphi(a, b, c, d, ..., k, l)][x - \varphi(b, a, c, d, .., k, l)],$$

par les permutations des $n - 2$ lettres $c, d, ..., k, l$.

On voit, comme dans la proposition précédente, que la fonction V ne peut être symétrique par rapport aux lettres a et b, et que les valeurs de V peuvent être groupées deux à deux, de manière que les termes d'un même groupe se changent l'un dans l'autre par la transposition (a, b). Il résulte de là que les valeurs de V peuvent être partagées en deux séries de la manière suivante

$$\varphi_1(a, b), \quad \varphi_2(a, b), ..., \quad \varphi_\mu(a, b),$$
$$\varphi_1(b, a), \quad \varphi_2(b, a), ..., \quad \varphi_\mu(b, a).$$

Cela posé, la fonction X ne peut acquérir que les μ valeurs suivantes, par les permutations des $n - 2$ lettres $c, d, ..., k, l$,

$$[x - \varphi_1(a, b)][x - \varphi_1(b, a)],$$
$$[x - \varphi_2(a, b)][x - \varphi_2(b, a)],$$
$$. . . . .$$
$$. . . . .$$
$$[x - \varphi_\mu(a, b)][x - \varphi_\mu(b, a)],$$

car toute permutation des lettres $c, d, ..., k, l$ qui laisse $\varphi_1(a, b)$ invariable, ou qui la change en $\varphi_1(b, a)$, laisse invariable $\varphi_1(b, a)$ ou la

J.-A. S. 3

change en $\varphi_1(a,\,b)$; et de même toute permutation des lettres c, $d,\ldots,\,k,\,l$ qui change $\varphi_1(a,\,b)$ en $\varphi_2(a,\,b)$ ou en $\varphi_2(b,\,a)$, change aussi $\varphi_1(b,\,a)$ en $\varphi_2(b,\,a)$ ou en $\varphi_2(a,\,b)$.

De plus, les μ valeurs de X, écrites plus haut, sont différentes, car s'il n'y en avait que μ' de distinctes, μ' étant $< \mu$, en multipliant ces μ' valeurs et égalant à zéro le produit, on aurait une équation dont le premier membre serait une fonction symétrique des $n-2$ lettres c, $d,\ldots,\,k,\,l$, et dont les $2\,\mu'$ racines seraient les seules valeurs distinctes de la fonction V (proposition I), ce qui est impossible, puisqu'on a supposé ce nombre de valeurs égal à $2\,\mu$.

Il est donc démontré que le nombre des valeurs de la fonction V est double du nombre des valeurs que peut prendre la fonction X par les permutations des $n-2$ lettres c, $d,\ldots,\,k,\,l$.

PROPOSITION VIII.

THÉORÈME.

Une fonction d'un nombre impair n de lettres, qui a moins de n valeurs distinctes, ne peut en avoir plus de deux.

Je vais démontrer généralement que si le théorème a lieu pour les fonctions de $n-2$ lettres, il a lieu aussi pour les fonctions de n lettres; et comme il est évidemment vrai pour les fonctions de trois lettres, il sera vrai aussi pour les fonctions de cinq, de sept, etc., d'un nombre impair quelconque de lettres.

Soit

$$V = \varphi\,(a,\,b,\,c,\,d,\ldots,\,k,\,l)$$

une fonction de n lettres qui a moins de n valeurs distinctes, n étant un nombre impair au moins égal à 5.

Soient a et b deux lettres quelconques, et faisons toutes les permutations des $n-2$ autres lettres

$$c,\quad d,\ldots,\quad k,\quad l,$$

sans changer la place ni de a ni de b; comme nous admettons qu'une fonction de $n-2$ lettres qui a moins de $n-2$ valeurs, ne peut en avoir plus de deux, le nombre des valeurs de V résultant des permutations des $n - 2$ lettres c, d,..., k, l sera nécessairement l'un des quatre suivants

$$1, \quad 2, \quad n - 2, \quad n - 1.$$

Nous allons faire successivement ces quatre hypothèses.

1°. *La fonction* V *est symétrique par rapport aux* $n - 2$ *lettres* c, d,..., k, l.

Alors elle aura, d'après la proposition IV, n ou $\frac{n(n-1)}{2}$, ou $n(n-1)$ valeurs distinctes. Cette hypothèse n'est donc pas admissible puisque V a moins de n valeurs.

2°. *La fonction* V *a deux valeurs par les permutations des* $n - 2$ *lettres* c, d,..., k, l.

Alors, d'après le corollaire de la proposition V, la fonction V n'a en tout que deux valeurs, puisqu'elle en a moins de n.

3°. *La fonction* V *a* $n - 2$ *valeurs par les permutations des* $n - 2$ *lettres* c, d,..., k, l.

Alors, d'après la proposition VI, il est impossible que la fonction V n'ait que $n - 2$ valeurs par les permutations des n lettres, parce que $n - 2$ est un nombre impair; elle en a donc $n - 1$. Mais alors, d'après la proposition III (corollaire), la fonction V est symétrique par rapport à $n - 2$ lettres, et, par conséquent, elle a $n, \frac{n(n-1)}{2}$ ou $n(n-1)$ valeurs. Cette hypothèse est donc inadmissible.

4°. *La fonction* V *a* $n - 1$ *valeurs par les permutations des* $n - 2$ *lettres* c, d,..., k, l.

Comme la fonction V n'a en tout que $n - 1$ valeurs, d'après la proposition VII, la fonction

$$X = [x - \varphi(a, b, c, d,..., k, l)][x - \varphi(b, a, c, d,..., k, l)]$$

a $\frac{n-1}{2}$ valeurs par les permutations des $n - 2$ lettres c, d,..., k, l. Mais on a

$$\frac{n-1}{2} < n - 2,$$

3..

et nous admettons qu'une fonction de $n - 2$ lettres qui a moins de $n - 2$ valeurs, n'en a au plus que deux, donc la fonction X a une ou deux valeurs seulement, et, par conséquent, on doit avoir

$$\frac{n-1}{2} = 1 \quad \text{ou} \quad = 2,$$

c'est-à-dire

$$n = 3 \quad \text{ou} \quad n = 5.$$

Nous avons supposé $n > 3$, donc l'hypothèse que nous discutons en ce moment est inadmissible, à moins que n ne soit égal à 5. Mais elle l'est encore dans ce cas, car une fonction de cinq lettres ne peut avoir quatre valeurs par les permutations de trois lettres, à cause que 4 n'est pas un diviseur du produit 1.2.3.

Conclusion. On voit que la seconde de nos quatre hypothèses est seule admissible, et, par conséquent, si la fonction V a moins de n valeurs, elle ne peut en avoir plus de deux.

PROPOSITION IX.

THÉORÈME.

Une fonction d'un nombre impair n de lettres, qui a précisément n valeurs, est symétrique par rapport à n — 1 lettres.

La démonstration suivante suppose n au moins égal à 5, mais pour les fonctions de trois lettres, le théorème est presque évident [*].

Soit

$$V = \varphi(a, b, c, d, ..., k, l)$$

---

[*] Soit

$$V = \varphi(a, b, c)$$

une fonction de trois lettres qui a trois valeurs. Si V n'est pas symétrique par rapport aux deux lettres a et b, soient V_1 et V_2 les deux valeurs que prend cette fonction par les permutations de ces lettres, et V_3 la troisième valeur de V ; on a

$$V_3 = (V_1 + V_2 + V_3) - (V_1 + V_2),$$

d'où il résulte que V_3 est symétrique par rapport à a et b. Donc V est symétrique par rapport à deux lettres.

une fonction d'un nombre impair n de lettres, qui a précisément n valeurs.

Soient a et b deux lettres quelconques, et faisons toutes les permutations des $n - 2$ autres lettres

$$c, \quad d, \ldots, \quad k, \quad l;$$

il en résultera pour V un nombre de valeurs qui sera l'un des suivants

$$1, \quad 2, \quad 3, \ldots, \quad (n-2), \quad (n-1), \quad n.$$

Mais, d'après la proposition VIII, $n - 2$ étant impair, si ce nombre de valeurs est inférieur à $n - 2$, il est au plus égal à 2, ce sera donc l'un des cinq nombres

$$1, \quad 2, \quad n - 2, \quad n - 1, \quad n.$$

Nous allons faire ces cinq hypothèses.

1°. *La fonction V est symétrique par rapport aux $n - 2$ lettres $c, d, \ldots, k, l$.*

Alors, d'après la proposition IV, le nombre des valeurs de V ne peut être égal à n que si cette fonction est symétrique par rapport à $n - 1$ lettres.

2°. *La fonction V a deux valeurs par les permutations des $n - 2$ lettres $c, d, \ldots, k, l$.*

Cela est impossible d'après le corollaire de la proposition V.

3°. *La fonction V a $n - 2$ valeurs par les permutations des $n - 2$ lettres $c, d, \ldots, k, l$.*

Alors, d'après la proposition III, la fonction V ayant en tout n valeurs et n'en ayant que $n - 2$ par les permutations de $n - 2$ lettres, a une ou deux valeurs par les permutations de $n - 2$ lettres. Par conséquent, le nombre de ses valeurs ne peut être égal à n, que si elle est symétrique par rapport à $n - 1$ lettres.

4°. *La fonction V a $n - 1$ valeurs par les permutations des $n - 2$ lettres $c, d, \ldots, k, l$.*

Alors, d'après la proposition III, la fonction V est symétrique par rapport à $n - 2$ lettres, et, par conséquent, elle ne peut avoir n valeurs que si elle est symétrique par rapport à $n - 1$ lettres, d'après la proposition IV.

5°. *La fonction* V *prend ses* n *valeurs par les permutations des* $n - 2$ *lettres* $c, d,... k, l$.

Cela est impossible, d'après la proposition VI, parce que n est un nombre impair.

Conclusion. La première, la troisième et la quatrième hypothèses sont, comme on voit, seules admissibles, et quelle que soit celle qui a lieu, la fonction V est nécessairement symétrique par rapport à $n - 1$ lettres; ce qu'il fallait démontrer.

PROPOSITION X.

THÉORÈME.

Une fonction d'un nombre pair n *de lettres qui a moins de* n *valeurs ne peut en avoir plus de deux, si* n *est supérieur à* 4.

Ce théorème n'a pas lieu pour les fonctions de quatre lettres; et c'est précisément parce qu'on peut former des fonctions de quatre lettres qui n'ont que trois valeurs, qu'on peut résoudre l'équation générale du quatrième degré.

Soit

$$V = \varphi\, (a, b, c, d,..., k, l)$$

une fonction d'un nombre n de lettres pair et supérieur à 4, et supposons que cette fonction ait moins de n valeurs.

Si l'on considère V comme fonction des $n - 1$ lettres

$$b, \quad c, \quad d,..., \quad k, \quad l,$$

et qu'on permute ces lettres, on obtiendra un nombre de valeurs distinctes de V, qui, étant par hypothèse inférieur à n, sera l'un des suivants

$$1, \quad 2, \quad 3,..., \quad n - 2, \quad n - 1.$$

Mais, d'après la proposition VIII, comme $n - 1$ est impair, ce nombre de valeurs ne peut s'abaisser au-dessous de $n - 1$, sans être égal à 2 ou à 1 ; donc le nombre des valeurs distinctes de V résultant des permutations des $n - 1$ lettres $b, c, d,..., k, l$ est l'un des trois suivants

$$1, \quad 2, \quad n - 1.$$

Examinons ces trois cas.

1°. *La fonction* V *est symétrique par rapport aux* $n - 1$ *lettres* $b, c, d,..., k, l.$

Alors, elle a évidemment n valeurs, ce qui est contre l'hypothèse ; à moins qu'elle ne soit symétrique par rapport à toutes les lettres, et, dans ce cas, elle n'a qu'une seule valeur.

2°. *La fonction* V *a deux valeurs par les permutations des* $n - 1$ *lettres* $b, c, d,..., k, l.$

Alors, d'après la proposition V, la fonction V a 2 ou $2n$ valeurs.

3°. *La fonction* V *a* $n - 1$ *valeurs par les permutations des* $n - 1$ *lettres* $b, c, d,..., k, l.$

Dans ce cas, comme $n - 1$ est impair, la fonction V est symétrique par rapport à $n - 2$ lettres, d'après la proposition IX, et alors, d'après la proposition IV, elle a au moins n valeurs.

Conclusion. Puisqu'on suppose que V a moins de n valeurs, et que cette fonction n'est pas symétrique, le second des trois cas précédents est seul possible, et alors la fonction V a deux valeurs seulement. Ce qu'il fallait démontrer.

PROPOSITION XI.

THÉORÈME.

Si une fonction d'un nombre n *de lettres pair et supérieur à* 6 *a* n *valeurs, elle est symétrique par rapport à* $n - 1$ *lettres.*

Soit

$$V = \varphi(a, b, c, d,..., k, l)$$

une fonction de n lettres qui a précisément n valeurs. On suppose n pair et supérieur à 6.

Soient a et b deux lettres quelconques, et permutons les $n-2$ autres lettres

$$c, \quad d,..., \quad k, \quad l.$$

Le nombre des valeurs qu'on obtiendra ainsi pour V ne pouvant, d'après la proposition X, être à la fois plus grand que 2 et moindre que $n-2$ (puisque, par hypothèse, $n-2$ est > 4), sera l'un des cinq suivants

$$1, \quad 2, \quad n-2, \quad n-1, \quad n.$$

Nous allons faire ces cinq hypothèses.

1°. *La fonction V est symétrique par rapport aux $n-2$ lettres* $c, d,..., k, l$.

Alors, d'après la proposition IV, elle ne peut avoir n valeurs que si elle est symétrique par rapport à $n-1$ lettres.

2°. *La fonction V a deux valeurs par les permutations des $n-2$ lettres* $c, d,..., k, l$.

Cela est impossible d'après le corollaire de la proposition V, car alors la fonction V n'aurait, en tout, que deux valeurs, ou elle en aurait plus de n.

3°. *La fonction V a $n-2$ valeurs par les permutations des $n-2$ lettres* $c, d,..., k, l$

Alors la fonction V ayant en tout n valeurs, elle a une ou deux valeurs par les permutations de $n-2$ lettres (proposition III), et, par conséquent, elle ne peut en avoir n en tout que si elle est symétrique par rapport à $n-1$ lettres.

4°. *La fonction V a $n-1$ valeurs par les permutations des $n-2$ lettres* $c, d,..., k, l$.

Dans ce cas, d'après la proposition III, V est symétrique par rapport à $n-2$ lettres, et, par conséquent, elle ne peut avoir n valeurs que si elle est symétrique par rapport à $n-1$ lettres.

5°. *La fonction V a n valeurs par les permutations des $n-2$ lettres* $c, d,..., k, l$,

Cela est impossible d'après la proposition VII, car alors la fonction

$$[x - \varphi(a, b, c, d,..., k, l)]\,[x - \varphi(b, a, c, d,..., k, l)]$$

aurait, par les permutations des $n - 2$ lettres $c, d,..., k, l$, un nombre de valeurs égal à $\frac{n}{2}$, ce qui ne peut être, puisque $\frac{n}{2}$ est $< n - 2$, et > 2.

Conclusion. Le premier, le troisième et le quatrième cas sont seuls possibles, et l'on voit que la fonction V ne peut avoir n valeurs, que si elle est symétrique par rapport à $n - 1$ lettres.

Remarque. La démonstration ne s'applique pas aux fonctions de six lettres, pour lesquelles le théorème n'a pas lieu.

DEUXIÈME PARTIE.

PROPOSITION XII.

LEMME.

Si une fonction de n lettres est symétrique par rapport à $n - 3$ lettres, mais qu'elle ne le soit pas par rapport à $n - 2$ lettres, le nombre des valeurs de la fonction n étant > 6, est

$$\frac{n(n-1)(n-2)}{1.2.3}, \quad \frac{n(n-1)(n-2)}{3}, \quad \frac{n(n-1)(n-2)}{2} \quad ou \quad n(n-1)(n-2).$$

Soit

$$V = \varphi(a, b, c, d,..., k, l)$$

une fonction de n lettres, n étant > 6, symétrique par rapport aux $n - 3$ lettres

$$d,..., \quad k, \quad l,$$

mais qui ne soit pas symétrique par rapport à $n - 2$ lettres.

Le nombre des valeurs que la fonction V peut acquérir par les permutations des trois lettres a, b, c, devant diviser le produit $1.2.3$, est l'un des quatre nombres $1, 2, 3$ ou 6. Nous allons examiner ces quatre cas.

1°. *La fonction* V *est symétrique par rapport aux trois lettres* a, b, c.

On aura toutes les valeurs de la fonction V en formant les $\frac{n(n-1)(n-2)}{1.2.3}$ combinaisons trois à trois des n lettres $a, b, c, d,\ldots, k, l$, et permutant dans V les trois lettres a, b, c avec les trois lettres de chacune de ces combinaisons. Or je dis que toutes les valeurs de V ainsi formées sont différentes si n est > 6. Il suffit, pour le prouver, d'établir l'impossibilité des égalités

$$\varphi(a, b, c, d, e, f, g,\ldots, k, l) = \varphi(d, b, c, a, e, f, g,\ldots, k, l),$$
$$\varphi(a, b, c, d, e, f, g,\ldots, k, l) = \varphi(d, e, c, a, b, f, g,\ldots, k, l),$$
$$\varphi(a, b, c, d, e, f, g,\ldots, k, l) = \varphi(d, e, f, a, b, c, g,\ldots, k, l).$$

Cette impossibilité résulte de ce que les seconds membres sont symétriques par rapport aux lettres a et g, tandis que les premiers membres ne le sont pas. La fonction V a donc $\frac{n(n-1)(n-2)}{1.2.3}$ valeurs.

On voit qu'il est nécessaire pour la démonstration que la fonction V renferme sept lettres au moins.

2°. *La fonction* V *a deux valeurs par les permutations des trois lettres* a, b, c.

Si l'on pose

$$v = (a - b)(a - c)(b - c),$$

la fonction V aura la forme

$$V = A + Bv,$$

A et B étant des fonctions symétriques de a, b, c. En outre, comme V ou $A + Bv$ est une fonction symétrique des $n - 3$ lettres $d,\ldots, k, l$, et que cette fonction se change en $A - Bv$ par la transposition de deux des trois lettres a, b, c, on voit que A et B sont nécessairement des fonctions symétriques de $d,\ldots, k, l$. On obtiendra toutes les valeurs de V en faisant les combinaisons trois à trois des n lettres $a, b, c, d,\ldots, k, l$, et remplaçant dans la fonction

$$A \pm Bv,$$

les lettres a, b, c successivement par les lettres de chaque combinaison trois à trois. Le nombre des valeurs ainsi formées est $2 \cdot \dfrac{n\,(n-1)\,(n-2)}{1 \cdot 2 \cdot 3}$ ou $\dfrac{n\,(n-1)\,(n-2)}{3}$. Il n'y a plus qu'à montrer que ces valeurs sont différentes.

Représentons simplement par

$$\varphi\,(a, b, c, d, e, f, g, \ldots, k, l)$$

l'une ou l'autre des valeurs $A \pm B\nu$; on prouvera, comme précédemment, que les égalités

$$\varphi\,(a, b, c, d, e, f, g, \ldots, k, l) = \varphi\,(d, b, c, a, e, f, g, \ldots, k, l),$$
$$\varphi\,(a, b, c, d, e, f, g, \ldots, k, l) = \varphi\,(d, e, c, a, b, f, g, \ldots, k, l),$$
$$\varphi\,(a, b, c, d, e, f, g, \ldots, k, l) = \varphi\,(d, e, f, a, b, c, g, \ldots, k, l),$$

sont impossibles, parce que le second membre de chacune d'elles est symétrique par rapport à a et g, et que le premier ne l'est pas par hypothèse.

La fonction V a donc effectivement $\dfrac{n\,(n-1)\,(n-2)}{3}$ valeurs distinctes.

3°. *La fonction* V *a trois valeurs par les permutations des lettres* a, b, c.

Dans ce cas, elle est symétrique par rapport à deux des trois lettres a, b, c. Supposons que ce soient b et c. Il est évident qu'on obtiendra toutes les valeurs de V en formant les $\dfrac{n\,(n-1)}{2}$ combinaisons deux à deux des n lettres a, b, c, ..., k, l, écrivant ensuite devant chacune de ces combinaisons, successivement chacune des $n-2$ lettres qui n'y entrent pas, et permutant enfin les trois lettres a, b, c de la fonction V, avec les trois lettres qui composent chacun des arrangements ainsi formés.

Le nombre des valeurs de la fonction V est alors $\dfrac{n\,(n-1)\,(n-2)}{2}$.

4°. *La fonction* V *a six valeurs par les permutations des lettres* a, b, c.

4..

Dans ce cas, la fonction V change par une permutation quelconque des trois lettres a, b, c. On voit alors aisément qu'elle a autant de valeurs qu'on peut faire d'arrangements de n lettres trois à trois, c'est-à-dire $n(n-1)(n-2)$.

La proposition est donc démontrée.

PROPOSITION XIII.

LEMME.

Si une fonction de n lettres, n étant > 5, a deux valeurs par les permutations de n — 2 lettres, le nombre total des valeurs qu'elle peut prendre par les permutations de toutes les lettres est 2, $2n$, $n(n-1)$ ou $2n(n-1)$

Soit

$$V = \varphi(a, b, c, d,..., k, l)$$

une fonction de n lettres qui n'a que deux valeurs

$$V_1, \quad V_2,$$

par les permutations des $n-2$ lettres c, d,..., k, l.

La fonction

$$(x - V_1)(x - V_2),$$

où x désigne une variable indéterminée, est symétrique par rapport aux $n-2$ lettres c, d,..., k, l, et si elle l'est aussi par rapport à toutes les lettres, la fonction V n'a que les deux seules valeurs V_1 et V_2, d'après la proposition I.

Si la fonction

$$(x - V_1)(x - V_2)$$

n'est pas symétrique par rapport aux n lettres a, b,..., k, l, le nombre de ses valeurs sera, d'après la proposition IV, n, $\dfrac{n(n-1)}{2}$ ou $n(n-1)$. Désignons-le par μ, et soient

$$(1) \quad \begin{cases} (x - V_1^1)(x - V_2^1), \\ (x - V_1^2)(x - V_2^2), \\ \cdots\cdots\cdots\cdots \\ \cdots\cdots\cdots\cdots \\ (x - V_1^\mu)(x - V_2^\mu), \end{cases}$$

ces μ valeurs elles-mêmes. Voilà μ produits qui sont, par hypothèse, différents; je dis de plus que deux d'entre eux ne sauraient avoir un facteur commun. En effet, supposons, s'il est possible, que les deux premiers des produits (1) aient un facteur commun, que l'on ait, par exemple,

$$(2) \qquad V_1^1 = V_1^2 \quad \text{ou} \quad = V_2^2.$$

Les deux fonctions V_1^1 et V_1^2 ont chacune deux valeurs par les permutations de $n - 2$ lettres, et comme on suppose $n > 5$, parmi les $n - 2$ lettres dont les permutations font acquérir deux valeurs à V_1^1, il y en a au moins deux qui font partie des $n - 2$ lettres dont les permutations font acquérir deux valeurs à V_1^2. Si l'on transpose les deux lettres dont nous parlons, les fonctions V_1^1 et V_2^1, V_1^2 et V_2^2 se changeront l'une dans l'autre (introduction); par conséquent, l'égalité (2) conduit à celle-ci

$$V_2^1 = V_2^2 \quad \text{ou} \quad = V_1^2,$$

ce qui est impossible, car autrement les deux premiers des produits (1) seraient identiques, ce qui est contre l'hypothèse.

Maintenant le produit des fonctions (1) est une fonction symétrique des n lettres a, b, c, d,..., k, l; de plus, tous les facteurs linéaires de ce produit sont différents; donc, d'après la proposition I, la fonction V a les valeurs distinctes

$$V_1^1, \quad V_2^1, \quad V_1^2, \quad V_2^2,..., \quad V_1^\mu, \quad V_2^\mu,$$

dont le nombre 2μ est égal à $2n$ ou à $n(n-1)$, ou à $2n(n-1)$.

La proposition est donc démontrée.

Corollaire I. *Si la fonction* V *a* $2n$ *valeurs, on a* $\mu = n$, *et, par conséquent* (proposition IV), *la fonction*

$$(x - V_1)(x - V_2),$$

déjà symétrique par rapport aux $n - 2$ *lettres* c, d,..., k, l, *l'est par rapport à* $n - 1$ *lettres. Donc, d'après la proposition* I, V, *considérée comme fonction de ces* $n - 1$ *lettres, n'a que les deux valeurs* V_1 *et* V_2.

Corollaire II. *Si une fonction de* n *lettres n'a que deux valeurs*

par les permutations de n — 3 lettres, et qu'elle ait en tout plus de 2n
valeurs, elle en a aussi plus de $\frac{n(n-1)}{2}$, *si* $n > 6$.

Supposons que la fonction

$$V = \varphi(a, b, c, d,..., k, l),$$

ait deux valeurs par les permutations des $n - 3$ lettres $d, e,..., k, l$.
D'après le lemme précédent, en considérant V comme fonction des
$n - 1$ lettres $b, c, d, e,..., k, l$, le nombre de ses valeurs sera

$$2, \quad 2(n-1), \quad (n-1)(n-2), \quad \text{ou} \quad 2(n-1)(n-2).$$

Si la fonction V n'a que deux valeurs par les permutations de $b, c,$
$d,..., k, l$, elle en a 2 ou $2n$ par les permutations de toutes les lettres
(proposition V).

Si la fonction V a $2(n-1)$ valeurs par les permutations de $b, c,$
$d,..., k, l$, elle n'a que deux valeurs par les permutations de $n - 2$ de
ces $n - 1$ lettres, d'après le corollaire I qui précède, et, par conséquent, elle en a 2 ou $2n$, ou $n(n-1)$, ou $2n(n-1)$ par les permutations des n lettres.

Donc, puisqu'on suppose que la fonction V a plus de $2n$ valeurs,
elle en a au moins $(n-1)(n-2)$, c'est-à-dire plus de $\frac{n(n-1)}{2}$, à
cause de $n > 6$.

Remarque. Par un raisonnement tout semblable à celui qui nous a
servi à démontrer le lemme qui précède, on pourrait déterminer
exactement le nombre des valeurs d'une fonction de n lettres qui a
deux valeurs par les permutations de $n - 3$ lettres. Mais, comme ce
qui précède suffit pour l'objet que j'ai en vue, je n'entrerai pas dans
de plus grands détails.

PROPOSITION XIV.

LEMME.

Le nombre des valeurs d'une fonction de n lettres ne peut être égal
à n + h si n est à la fois plus grand que 6 et que h + 4.

Soit

$$V = \varphi\,(a, b, c, d, \ldots, k, l)$$

une fonction de n lettres ayant $n + h$ valeurs.

Le nombre des valeurs que prend V par les permutations de $n - 2$ lettres ne peut être à la fois supérieur à 2 et moindre que $n - 2$, puisqu'on suppose $n - 2 > 4$, ce sera donc l'un des $h + 5$ suivants

$$1, \quad 2, \quad n - 2, \quad n - 1, \ldots, \quad n + h - 1, \quad n + h.$$

Mais si la fonction V a, par les permutations de $n - 2$ lettres, un nombre de valeurs égal à l'un des suivants

$$n - 2, \quad n - 1, \ldots, \quad n + h - 2, \quad n + h - 1,$$

il y a aussi $n - 2$ lettres dont les permutations lui font acquérir un nombre de valeurs égal ou inférieur à l'un de ceux-ci

$$h + 2, \quad h + 1, \ldots, \quad 2, \quad 1,$$

d'après la proposition III, et comme $h + 2$ est $< n - 2$, on voit que si la fonction V a $n + h$ valeurs, il y a $n - 2$ lettres dont les permutations lui font acquérir un nombre de valeurs égal à l'un des trois suivants

$$1, \quad 2, \quad n + h.$$

Nous allons démontrer que ces trois cas sont impossibles.

1°. *La fonction* V *est symétrique par rapport à* $n - 2$ *lettres.*

Alors, d'après la proposition IV, elle a n, $\dfrac{n\,(n - 1)}{2}$ ou $n\,(n - 1)$ valeurs.

Le premier cas est donc impossible, puisque, par hypothèse, le nombre $n + h$ des valeurs de V est $< 2n - 4$.

2°. *La fonction* V *a deux valeurs par les permutations de* $n - 2$ *lettres.*

Ce second cas est impossible, car, d'après la proposition XIII, le nombre des valeurs de V serait égal à 2 ou au moins égal à $2n$.

3°. *La fonction* V *prend ses* $n + h$ *valeurs par les permutations de* $n - 2$ *lettres.*

Cela est impossible, d'après la proposition VI, si $n + h$ est un nombre impair. Je dis que cela est encore impossible si $n + h$ est pair. En effet, si la fonction V prend toutes ses valeurs par les permutations des $n - 2$ lettres $c, d,..., k, l$, elle ne peut être symétrique par rapport à a et b, d'après la proposition VII, et la fonction

$$\mathrm{X} = [x - \varphi(a, b, c, d,..., k, l)]\,[x - \varphi(b, a, c, d,..., k, l)],$$

a, par les permutations des $n - 2$ lettres $c, d,..., k, l$, un nombre de valeurs égal à $\dfrac{n + h}{2}$. Mais nous avons supposé $\dfrac{n + h}{2} < n - 2$ et $n - 2 > 4$, donc la fonction X ne peut avoir qu'une ou deux valeurs seulement par les permutations de $c, d,..., k, l$, et, par conséquent, la fonction V n'aurait que deux ou quatre valeurs, ce qui est contre la supposition.

La proposition énoncée est donc démontrée.

PROPOSITION XV.

THÉORÈME.

Le nombre des valeurs d'une fonction d'un nombre n de lettres supérieur à 6 ne peut être ni n + 1, ni n + 2, ni n + 3.

En faisant successivement $h = 1$ et $h = 2$ dans l'énoncé du lemme qui précède, on voit immédiatement que le nombre des valeurs d'une fonction d'un nombre n de lettres supérieur à 6 ne peut être $n + 1$ ni $n + 2$.

En faisant $h = 3$, on voit pareillement que le nombre des valeurs d'une fonction d'un nombre n de lettres supérieur à 7 ne peut être égal à $n + 3$. Il suffit donc, pour achever la démonstration du théorème énoncé, de prouver que ce dernier résultat a lieu encore quand $n = 7$, c'est-à-dire que

Une fonction de sept lettres ne peut pas avoir un nombre de valeurs égal à dix.

Soit

$$\mathrm{V} = \varphi(a, b, c, d, e, f, g)$$

une fonction de sept lettres, et supposons qu'elle ait dix valeurs.

Le nombre des valeurs de la fonction V, par les permutations de cinq lettres, devant diviser le produit $1.2.3.4.5$, et ne pouvant être ni 3 ni 4, sera l'un des nombres suivants

$$1, \quad 2, \quad 5, \quad 6, \quad 8, \quad 10.$$

Mais si le nombre des valeurs de V, par les permutations de cinq lettres, est 6 ou 8, il y aura cinq lettres dont les permutations feront acquérir à la fonction un nombre de valeurs égal ou inférieur à 4 ou à 2; il y a donc nécessairement cinq lettres dont les permutations feront acquérir à la fonction V un nombre de valeurs égal à l'un des quatre suivants

$$1, \quad 2, \quad 5, \quad 10.$$

Examinons ces quatre cas.

1°. *La fonction* V *est symétrique par rapport à cinq lettres.*

Alors elle a, d'après la proposition IV, 7, 21 ou 42 valeurs, ce qui est contre l'hypothèse.

2°. *La fonction* V *a deux valeurs par les permutations de cinq lettres.*

Alors, si elle a plus de deux valeurs, elle en a au moins 14, d'après la proposition XIII, ce qui est contre l'hypothèse.

3°. *La fonction* V *a cinq valeurs par les permutations de cinq lettres.*

Alors elle est symétrique par rapport à quatre lettres. Si elle est symétrique par rapport à cinq lettres, elle a 7, 21 ou 42 valeurs (proposition IV), sinon elle en a 35, 70, 105 ou 210 (proposition XII), ce qui est contre l'hypothèse.

4°. *La fonction* V *prend ses dix valeurs par les permutations de cinq lettres.*

Soient c, d, e, f, g ces cinq lettres, la fonction

$$X = [x - \varphi(a, b, c, d, e, f, g)]\,[x - \varphi(b, a, c, d, e, f, g)]$$

aura cinq valeurs par les permutations des cinq lettres c, d, e, f, g, donc elle est symétrique par rapport à quatre de ces lettres. L'équation

$$X = o$$

ayant pour coefficients des fonctions symétriques de quatre lettres, d, e, f, g par exemple, ses deux racines seront les deux seules valeurs que peut prendre V par les permutations de ces quatre lettres. Ainsi la fonction V n'a qu'une ou deux valeurs par les permutations de quatre lettres. Or la fonction V ne peut être symétrique par rapport aux quatre lettres d, e, f, g, car elle n'aurait qu'une ou cinq valeurs par les permutations des cinq lettres c, d, e, f, g, tandis que nous avons supposé qu'elle en a dix. La fonction V ne peut pas non plus avoir deux valeurs par les permutations des quatre lettres d, e, f, g; car, d'après la proposition XIII, elle en aurait deux seulement ou au moins douze par les permutations de six lettres, ce qui est contre l'hypothèse.

Il est donc démontré qu'une fonction de sept lettres ne peut avoir dix valeurs.

PROPOSITION XVI.

LEMME.

Si une fonction d'un nombre n de lettres supérieur à 8, prend toutes ses valeurs par les seules permutations de $n - 2$ lettres, et si elle a plus de deux valeurs, elle en a au moins $2n + 4$.

Supposons que la fonction

$$V = \varphi(a, b, c, d, \ldots, k, l)$$

prenne toutes ses valeurs par les seules permutations des $n - 2$ lettres

$$c, \quad d, \ldots, \quad k, \quad l.$$

On a vu (propositions VI et VII) que la fonction V ne peut être symétrique par rapport aux lettres a et b, et que le nombre de ses valeurs est pair. En outre, en désignant ce nombre par 2μ, la fonction

$$X = [x - \varphi(a, b, c, d,..., k, l)]\,[x - \varphi(b, a, c, d,..., k, l)]$$

a un nombre de valeurs égal à μ par les permutations des $n-2$ lettres $c, d,..., k, l$.

Cela étant, si le nombre μ est inférieur à $n-2$, il doit être égal à 1 ou à 2; dans le premier cas, la fonction V n'a que deux valeurs. Le second cas est impossible, car la fonction V qui contient plus de huit lettres aurait un nombre de valeurs égal à quatre.

Je dis, en second lieu, que le nombre μ ne peut être égal à $n-2$; en effet, si cela était, la fonction X serait symétrique par rapport à $n-3$ lettres, à cause de $n-2 > 6$, et alors, d'après la proposition III, la fonction V aurait un nombre de valeurs égal à 1 ou à 2 par les permutations de $n-3$ lettres,

$$d,..., \quad k, \quad l$$

par exemple. Si la fonction V est symétrique par rapport aux $n-3$ lettres $d,..., k, l$, elle a $n-2$ valeurs par les permutations des $n-2$ lettres $c, d,..., k, l$; on a donc $2\mu = n-2$, ce qui est en contradiction avec notre hypothèse par laquelle $\mu = n-2$. La fonction V a donc deux valeurs par les permutations des $n-3$ lettres $d,..., k, l$; mais alors, d'après la proposition XIII, la fonction V considérée comme fonction des $n-1$ lettres

$$b, \quad c, \quad d,..., \quad k, \quad l$$

aurait deux valeurs seulement, ou elle en aurait au moins $2(n-1)$; ce qui est contraire à l'hypothèse.

Enfin, le nombre μ ne peut être égal ni à $n-1$, ni à n, ni à $n+1$, d'après la proposition XV, donc il est au moins égal à $n+2$, et, par conséquent, le nombre 2μ des valeurs de V est au moins égal à $2n+4$, s'il est supérieur à 2. C'est ce qu'il fallait démontrer.

5..

PROPOSITION XVII.

THÉORÈME.

1°. *Si une fonction d'un nombre n de lettres supérieur à 8 a plus de n valeurs, elle en a au moins 2 n ;*

2°. *Si une fonction d'un nombre n de lettres supérieur à 8 a 2 n valeurs, il y a n — 1 lettres dont les permutations ne font acquérir à la fonction que deux valeurs.*

Soit

$$V = \varphi\,(a, b, c, d, ..., k, l)$$

une fonction de n lettres, et supposons que cette fonction ait plus de n valeurs, mais n'en ait pas plus de $2n$.

D'après la proposition précédente, la fonction V ne pourra prendre toutes ses valeurs par les permutations des $n - 2$ lettres

$$c, \quad d, ..., \quad k, \quad l.$$

Désignons par μ le nombre de valeurs qu'elle prend par les permutations de ces $n - 2$ lettres, et par $\mu + \nu$ le nombre total de ses valeurs. D'après la proposition III, il y a $n - 2$ lettres dont les permutations font acquérir à la fonction V un nombre de valeurs égal ou inférieur à ν : d'ailleurs la somme $\mu + \nu$ n'est pas supérieure à $2n$, par conséquent, des deux nombres μ et ν, l'un au moins est inférieur ou au plus égal à n.

Donc parmi les n lettres de la fonction V, il y en a $n - 2$ dont les permutations font acquérir à cette fonction un nombre de valeurs au plus égal à n, et même au plus égal à $n - 2$, puisque, d'après la proposition XIV, une fonction de $n - 2$ lettres, si n est > 8, ne peut avoir $n - 1$ ni n valeurs. Par les permutations des $n - 2$ lettres dont il s'agit, la fonction V a donc

$$1, \quad 2, \quad \text{ou} \quad n - 2$$

valeurs. Examinons ces trois cas.

1°. *La fonction V est symétrique par rapport à n — 2 lettres.*

Alors, d'après la proposition IV, si V a plus de n valeurs, cette fonction en a au moins $\dfrac{n(n-1)}{2}$.

2°. *La fonction V a deux valeurs par les permutations de $n-2$ lettres.*

Alors, d'après la proposition XIII, cette fonction, si elle a plus de deux valeurs, en a au moins $2n$.

3°. *La fonction V a $n-2$ valeurs par les permutations de $n-2$ lettres.*

Dans ce cas, la fonction V est symétrique par rapport à $n-3$ lettres. Si elle n'est pas symétrique par rapport à $n-2$ lettres, elle a au moins $\dfrac{n(n-1)(n-2)}{1.2.3}$ valeurs, d'après la proposition XII. Si elle est symétrique par rapport à $n-2$ lettres, et qu'elle ait plus de n valeurs, elle en a au moins $\dfrac{n(n-1)}{2}$, d'après la proposition IV.

Conclusion. Dans aucun des trois cas qu'on vient d'examiner, la fonction V n'a en même temps plus de n et moins de $2n$ valeurs. Dans le second cas seulement elle peut avoir $2n$ valeurs, alors elle n'a que deux valeurs par les permutations de $n-1$ lettres (corollaire I. proposition XIII). La proposition est donc démontrée.

PROPOSITION XVIII.

THÉORÈME.

Le nombre des valeurs d'une fonction de n lettres ne peut être égal ni à $2n+1$, ni à $2n+2$, ni à $2n+3$, si $n > 8$.

Soit

$$V = \varphi(a, b, c, d, ..., k, l)$$

une fonction de n lettres, n étant > 8, et supposons que le nombre des valeurs de cette fonction, que je représenterai par $\mu + \nu$, soit égal à l'un des trois nombres

$$2n+1, \quad 2n+2, \quad 2n+3.$$

D'après la proposition XVI, le nombre des valeurs que prendra V par les permutations de $n - 2$ lettres, $c, d,..., k, l$ par exemple, doit être inférieur à $\mu + \nu$; je le représenterai par μ, et alors, d'après la proposition III, il y aura $n - 2$ des n lettres $a, b, c, d,..., k, l$, dont les permutations feront acquérir à V un nombre μ' de valeurs égal ou inférieur à ν. Comme la somme $\mu + \nu$ est au plus égale à $2n + 3$, l'un des nombres μ et μ' est nécessairement inférieur ou égal à $n + 1$, donc il y a $n - 2$ lettres dont les permutations font acquérir à la fonction un nombre de valeurs égal ou inférieur à $n + 1$; ce nombre de valeurs sera, par conséquent, l'un des suivants

$$1, \quad 2, \quad n - 2, \quad n - 1, \quad n, \quad n + 1.$$

Mais $n - 2$ étant > 6, la fonction V ne peut avoir ni $n - 1$, ni n, ni $n + 1$ valeurs par les permutations de $n - 2$ lettres (proposition XV), donc la fonction V a

$$1, \quad 2, \quad \text{ou} \quad n - 2$$

valeurs par les permutations de $n - 2$ lettres prises parmi les n

$$a, \quad b, \quad c, \quad d,..., \quad k, \quad l.$$

On va voir que cela est impossible.

1°. *La fonction* V *est symétrique par rapport à* $n - 2$ *lettres.*

Dans ce cas, elle a n valeurs ou au moins $\dfrac{n(n-1)}{2}$ (proposition IV), c'est-à-dire plus de $2n + 3$, si n est > 8; ce qui est contre l'hypothèse.

2°. *La fonction* V *a deux valeurs par les permutations de* $n - 2$ *lettres.*

Alors elle ne peut en avoir plus de $2n$ sans en avoir au moins $n(n-1)$ (proposition XIII), ce qui est contre l'hypothèse.

3°. *La fonction* V *a* $n - 2$ *valeurs par les permutations de* $n - 2$ *lettres.*

Elle est alors symétrique par rapport à $n - 3$ lettres, et si elle a plus de n valeurs, elle en a au moins $\dfrac{n(n-1)}{2}$ (propositions IV et XII), ce qui est contre l'hypothèse.

La proposition est donc démontrée.

PROPOSITION XIX.

LEMME.

Si une fonction d'un nombre n de lettres supérieur à 10 a plus de deux valeurs, et qu'elle prenne toutes ses valeurs par les permutations de $n - 2$ lettres, elle a au moins $4n$ valeurs distinctes.

Soit

$$V = \varphi(a, b, c, d, ..., k, l)$$

une fonction de n lettres ayant plus de deux valeurs, et qui peut prendre toutes ses valeurs par les seules permutations des $n - 2$ lettres

$$c, \quad d, ..., \quad k, \quad l.$$

Désignons par 2μ le nombre de ces valeurs qu'on sait être pair, et considérons, comme dans la proposition XVI, la fonction

$$X = [x - \varphi(a, b, c, d, ..., k, l)] [x - \varphi(b, a, c, d, ..., k, l)],$$

qui prend μ valeurs distinctes par les permutations des $n - 2$ lettres $c, d, ..., k, l$. On a vu, dans la proposition XVI, que μ est au moins égal à $n + 2$ si n est > 8; nous allons montrer actuellement que μ est au moins égal à $2n$ si n est > 10.

En premier lieu, le nombre μ des valeurs que prend X par les permutations de $n - 2$ lettres étant supérieur à $n - 2$ est au moins égal à $2n - 4$ (proposition XVII).

En second lieu, je dis qu'on ne peut avoir $\mu = 2n - 4$. Supposons, en effet, que μ soit égal à $2n - 4$; alors, d'après la proposition XVII, la fonction X aura précisément deux valeurs par les permutations de $n - 3$ des $n - 2$ lettres $c, d, ..., k, l$. Soient X_1 et X_2 ces deux valeurs; la fonction $X_1 X_2$ sera symétrique par rapport à $n - 3$ lettres, ét, par conséquent, d'après la proposition I, la fonction V, qui est une des racines de l'équation du quatrième degré

$$X_1 X_2 = 0,$$

aura au plus quatre valeurs par les permutations des $n - 3$ lettres $d, ...,$

k, l; d'ailleurs ce nombre de valeurs ne pouvant être ni 3 ni 4, est nécessairement 1 ou 2; donc la fonction V a $n - 2$ ou $2(n - 2)$ valeurs par les permutations des $n - 2$ lettres $c, d,..., k, l$, car on suppose qu'elle en a plus de deux. On a donc $2\mu = n - 2$ ou $= 2(n - 2)$, ce qui est contre l'hypothèse.

Enfin, d'après la proposition XVIII, le nombre μ ne peut être égal ni à $2n - 3$, ni à $2n - 2$, ni à $2n - 1$, puisqu'on a $n - 2 > 8$; donc μ est au moins égal à $2n$, et, par conséquent, la fonction V a au moins $4n$ valeurs.

PROPOSITION XX.

THÉORÈME.

Si une fonction d'un nombre n de lettres supérieur à 10 a plus de 2n valeurs, elle en a au moins 4n.

Soit

$$V = \varphi(a, b, c, d,..., k, l)$$

une fonction de n lettres, ayant plus de $2n$ valeurs, n étant > 10.

Soient a et b deux lettres quelconques, et permutons les $n - 2$ autres

$$c, \quad d,..., \quad k, \quad l.$$

Si, par ces permutations, la fonction V prend toutes ses valeurs, elle a au moins $4n$ valeurs, d'après la proposition précédente, et le théorème est démontré. Supposons donc que la fonction V ne puisse pas prendre toutes ses valeurs par les permutations des $n - 2$ lettres $c, d,..., k, l$. Appelons μ le nombre des valeurs de V résultant des permutations de ces $n - 2$ lettres, et $\mu + \nu$ le nombre total de ses valeurs; rappelons enfin qu'il y a $n - 2$ lettres dont les permutations font acquérir à V un nombre μ' de valeurs égal ou inférieur à ν.

Supposons d'abord que l'un des nombres μ et μ' ne surpasse pas $n - 2$, il sera alors égal à l'un des trois nombres

$$1, \quad 2, \quad n - 2.$$

Dans le premier cas, la fonction V étant supposée avoir plus de $2n$

valeurs, en aura au moins $\frac{n(n-1)}{2}$, c'est-à-dire plus de $4n$ à cause de $n > 10$.

Dans le second cas, la fonction V a au moins $n(n-1)$ valeurs; et enfin, dans le troisième, comme elle est symétrique par rapport à $n-3$ lettres, elle a au moins $\frac{n(n-1)}{2}$ valeurs [*].

Supposons maintenant que chacun des nombres μ et μ' surpasse $n-2$. Alors $n-2$ étant > 8, ces deux nombres seront au moins égaux à $2(n-2)$ (proposition XVII).

Si l'un des nombres μ et μ' est égal à $2(n-2)$, la fonction V a deux valeurs par les permutations de $n-3$ lettres, d'après la proposition XVII, et, par conséquent, comme elle a plus de $2n$ valeurs, elle en a aussi plus de $\frac{n(n-1)}{2}$ (proposition XIII, corollaire II) et, à fortiori, plus de $4n$.

Enfin, d'après la proposition XVIII, aucun des nombres μ et μ' ne peut être égal à $2n-3$, ni à $2n-2$, ni à $2n-1$; si donc μ et μ' surpassent $2(n-2)$, chacun d'eux est au moins égal à $2n$, et, par conséquent, leur somme $\mu + \mu'$, et, à fortiori, la somme $\mu + \nu$, qui représente le nombre des valeurs de V, est au moins égale à $4n$.

Donc, dans tous les cas, la fonction V a au moins $4n$ valeurs, si elle en a plus de $2n$.

PROPOSITION XXI.

THÉORÈME.

Une fonction de n lettres qui a plus de $2n$ valeurs, en a au moins $\frac{n(n-1)}{2}$ si n est égal à 13 ou à 14.

Soit

$$V = \varphi(a, b, c, d, ..., k, l)$$

une fonction de n lettres ayant plus de $2n$ valeurs (on suppose $n = 13$

---

[*] Ce raisonnement est le même que celui de la proposition XVII.

ou 14), et permutons les $n-2$ lettres

$$c, \quad d,..., \quad k, \quad l.$$

Nous distinguerons deux cas, suivant que la fonction V prend ou ne prend pas toutes ses valeurs par les permutations des $n-2$ lettres $c, d,..., k, l$.

1°. Supposons d'abord que la fonction V prenne toutes ses valeurs par les permutations des $n-2$ lettres $c, d,..., k, l$, et désignons par 2μ ce nombre de valeurs qui sera au moins égal à $4n$, d'après la proposition XIX. Nous avons déjà vu que la fonction

$$X = [x - \varphi(a, b, c, d,..., k, l)]\,[x - \varphi(b, a, c, d,..., k, l)]$$

a μ valeurs par les permutations des $n-2$ lettres $c, d,..., k, l$, et, comme on a $\mu > 2(n-2)$, μ sera au moins égal à $4(n-2)$; en vertu de la proposition précédente, par conséquent, le nombre 2μ des valeurs de la fonction V sera au moins égal à $8(n-2)$ et, par suite, supérieur à $\dfrac{n(n-1)}{2}$, car on suppose $n = 13$ ou 14. Le théorème est donc démontré dans ce cas.

2°. Supposons que la fonction V ait $\mu + \nu$ valeurs et qu'elle ne prenne que μ valeurs distinctes par les permutations de $c, d,..., k, l$, soit aussi μ' le nombre égal ou inférieur à ν qui, d'après la proposition III, représente le nombre des valeurs que prend la fonction V par les permutations de $n-2$ lettres.

Par un raisonnement identique à celui du théorème précédent, on fera voir que si l'un des nombres μ et μ' ne surpasse pas $2(n-2)$, la fonction V a au moins $\dfrac{n(n-1)}{2}$ valeurs. Supposons donc μ et μ' supérieurs à $2(n-2)$; alors $n-2$ étant égal à 11 ou à 12, la fonction V, qui a plus de $2(n-2)$ valeurs par les permutations de $n-2$ lettres, en aura au moins $4(n-2)$. Par conséquent, chacun des nombres μ et μ' est au moins égal à $4(n-2)$, et, par suite, la fonction V a au moins $8(n-2)$ valeurs, c'est-à-dire plus de $\dfrac{n(n-1)}{2}$, comme dans le premier cas.

La proposition est donc démontrée.

PROPOSITION XXII.

THÉORÈME.

Si une fonction d'un nombre quelconque n de lettres supérieur à 12 a plus de $2n$ valeurs, elle en a au moins $\frac{n(n-1)}{2}$.

Je vais démontrer que si le théorème a lieu pour les fonctions de $n-2$ lettres, il a lieu aussi pour les fonctions de n lettres, et, comme on vient de l'établir pour les fonctions de 13 et 14 lettres, il le sera généralement.

Soit

$$V = \varphi(a, b, c, d, ..., k, l)$$

une fonction de n lettres, n étant > 14, et permutons les $n-2$ lettres

$$c, \quad d, ..., \quad k, \quad l.$$

Comme dans le théorème précédent, je distinguerai deux cas, suivant que la fonction prend ou ne prend pas toutes ses valeurs par les permutations de ces $n-2$ lettres.

$1°$. Supposons que la fonction V prenne toutes ses valeurs par les seules permutations des $n-2$ lettres $c, d, ..., k, l$, et considérons la fonction

$$X = [x - \varphi(a, b, c, d, ..., k, l)][x - \varphi(b, a, c, d, ..., k, l)];$$

si μ désigne le nombre des valeurs que prend la fonction X par les permutations des $n-2$ lettres $c, d, ..., k, l$, V aura 2μ valeurs, et comme on suppose $2\mu > 2n$, ce nombre sera au moins égal à $4n$, d'après la proposition XIX, et, par conséquent, la fonction X aura au moins $2n$ valeurs, c'est-à-dire plus de $2(n-2)$ par les permutations des $n-2$ lettres $c, d, ..., k, l$; donc, puisque la proposition énoncée est supposée vraie pour les fonctions de $n-2$ lettres, la fonction X aura au moins $\frac{(n-2)(n-3)}{2}$ valeurs par les permutations

6..

de c, d,..., k, l, et, par suite, la fonction V aura au moins $(n - 2)(n - 3)$ valeurs, c'est-à-dire plus de $\frac{n(n-1)}{2}$, car on suppose $n > 14$. Le théorème est donc démontré dans ce cas.

2°. Supposons que la fonction V ait $\mu + \nu$ valeurs, et qu'elle ne prenne que μ valeurs par les permutations des $n - 2$ lettres c, d,..., k, l.

Soit μ' le nombre, égal ou inférieur à ν, des valeurs que prend V par les permutations de $n - 2$ lettres.

Comme dans les deux propositions précédentes où j'ai employé le même raisonnement, on fera voir que si l'un des nombres μ et μ' ne surpasse pas $2(n - 2)$, la fonction V ne peut avoir moins de $\frac{n(n-1)}{2}$ valeurs. Supposons donc μ et μ' supérieurs à $2(n - 2)$: alors, comme on suppose le théorème énoncé vrai pour les fonctions de $n - 2$ lettres, chacun des nombres μ et μ' sera au moins égal à $\frac{(n-2)(n-3)}{2}$; par conséquent, la somme $\mu + \nu$, qui représente le nombre total des valeurs de V, sera égale ou supérieure à $(n - 2)(n - 3)$ et, à fortiori, supérieure à $\frac{n(n-1)}{2}$.

La proposition est donc démontrée.

MÉMOIRE

SUR LES FONCTIONS DE QUATRE, CINQ ET SIX LETTRES;

Par M. J.-A. SERRET.

Je me propose ici d'examiner les différents cas que peuvent présenter les fonctions de quatre et de cinq lettres, et un cas particulier remarquable des fonctions de six lettres.

Rappelons d'abord la définition des fonctions semblables. Deux fonctions d'un nombre quelconque n de lettres sont dites *semblables*, lorsque les permutations qui changent la valeur de l'une changent aussi la valeur de l'autre. On sait, en outre, que, si V et y sont des fonctions semblables de n lettres ayant μ valeurs distinctes, la fonction V peut être exprimée par un polynôme entier et rationnel de degré $\mu - 1$ en y, et dont les coefficients sont des fonctions symétriques.

LEMME I. *Le nombre des valeurs d'une fonction d'un nombre quelconque n de lettres, peut être représenté par $\mu + \mu' + \mu'' + \ldots$, μ, μ', μ'',... étant les nombres de valeurs distinctes que l'on obtient en permutant différents groupes composés chacun d'un même nombre m de lettres.*

Soit
$$V = \varphi(a, b, c, d, \ldots, k, l)$$

une fonction de n lettres. Supposons que, par les permutations de m lettres
$$g, \quad h, \ldots, \quad k, \quad l,$$

la fonction V prenne μ valeurs distinctes
$$V_1, \quad V_2, \ldots, \quad V_\mu,$$

et que, par les permutations de toutes les lettres, elle prenne les $\mu + \nu$ valeurs

$$V_1, \quad V_2,\ldots, \quad V_{\mu+\nu}.$$

Le produit

$$(x - V_1)(x - V_2)\ldots(x - V_{\mu+\nu})$$

est une fonction symétrique des n lettres a, b, c, d,..., k, l; pareillement

$$(x - V_1)(x - V_2)\ldots(x - V_{\mu})$$

est une fonction symétrique des m lettres g, h,..., k, l; donc le produit

$$(x - V_{\mu+1})(x - V_{\mu+2})\ldots(x - V_{\mu+\nu}),$$

qu'on obtient en divisant les deux produits précédents l'un par l'autre, est aussi une fonction symétrique des m lettres g, h,..., k, l.

Si la fonction $V_{\mu+1}$ peut prendre les ν valeurs

$$V_{\mu+1}, \quad V_{\mu+2},\ldots, \quad V_{\mu+\nu}$$

par les permutations des lettres g, h,..., k, l; comme elle ne peut en prendre d'autres [*], il y aura nécessairement m lettres dont les permutations feront acquérir à V un nombre de valeurs égal à ν, et, dans ce cas, notre proposition est démontrée.

Supposons donc que $V_{\mu+1}$ ne puisse prendre que les μ' valeurs

$$V_{\mu+1}, \quad V_{\mu+2},\ldots, \quad V_{\mu+\mu'}$$

par les permutations de g, h,..., k, l; que $V_{\mu+\mu'+1}$ prenne les μ'' valeurs

$$V_{\mu+\mu'+1}, \quad V_{\mu+\mu'+2},\ldots, \quad V_{\mu+\mu'+\mu''}$$

par les permutations de ces mêmes lettres; que pareillement, si ν surpasse $\mu' + \mu''$, $V_{\mu+\mu'+\mu''+1}$ prenne les μ''' valeurs

$$V_{\mu+\mu'+\mu''+1}\ldots, \quad V_{\mu+\mu'+\mu''+\mu'''},$$

et ainsi de suite, jusqu'à ce qu'on ait épuisé toutes les valeurs de V; alors le nombre des valeurs de V sera $\mu + \mu' + \mu'' + \ldots$, et les fonc-

----

[*] D'après la proposition I du Mémoire précédent.

tions V_1, $V_{\mu+1}$, $V_{\mu+\mu'+1}$, $V_{\mu+\mu'+\mu''+1}$,... auront respectivement

$$\mu, \quad \mu', \quad \mu'',\dots$$

valeurs par les permutations des m lettres g, h,..., k, l; d'où il suit que l'on pourra former différents groupes de m lettres, tels que par les permutations des lettres de chaque groupe, la fonction V prenne des nombres de valeurs respectivement égaux à μ, μ', μ'',.... Ce qu'il fallait démontrer.

LEMME II. *Si une fonction de n lettres a μ valeurs par les permutations de $n-1$ lettres, le nombre total de ses valeurs est un diviseur du produit $n\mu$.*

Soit

$$V = \varphi(a, b, c, d,\dots, k, l)$$

une fonction de n lettres, et représentons par

$$(1) \qquad \varphi_1(a), \quad \varphi_2(a),\dots, \quad \varphi_\mu(a),$$

les valeurs en nombre μ que peut prendre cette fonction par les permutations des $n-1$ lettres

$$b, \quad c, \quad d,\dots, \quad k, \quad l.$$

Si dans les fonctions (1) on transpose la lettre a avec chacune des $n-1$ autres, on aura $(n-1)\mu$ nouvelles valeurs de V, ce qui fera $n\mu$ en tout. Écrivons ces $n\mu$ valeurs

$$(2) \qquad \begin{cases} \varphi_1(a), & \varphi_2(a),\dots, & \varphi_\mu(a), \\ \varphi_1(b), & \varphi_2(b),\dots, & \varphi_\mu(b), \\ \varphi_1(c), & \varphi_2(c),\dots, & \varphi_\mu(c), \\ \dots\dots\dots\dots\dots \\ \dots\dots\dots\dots\dots \\ \varphi_1(l), & \varphi_2(l),\dots, & \varphi_\mu(l), \end{cases}$$

qui seront évidemment les seules que la fonction V puisse acquérir. Je dis maintenant que si ces $n\mu$ valeurs ne sont pas distinctes, chacune des valeurs distinctes se trouve répétée le même nombre de fois. Supposons, en effet, que l'une des fonctions (2), que je représenterai simplement par V, se trouve reproduite λ fois, et soit V' une quelconque des fonctions (2) distinctes de V. Faisons la permutation par laquelle on passe de V' à V, les fonctions (2) ne feront que se changer les unes dans les autres. Par conséquent, la fonction V', qui est devenue V, étant reproduite λ fois, l'était aussi λ fois avant la permutation. Ce qu'il fallait démontrer.

§ 1.

Des fonctions de quatre lettres.

Soit
$$V = \varphi\,(a,\,b,\,c,\,d)$$
une fonction de quatre lettres a, b, c, d.

Le nombre des valeurs que peut prendre cette fonction par les permutations de trois lettres devant être un diviseur du produit $1.2.3$ sera nécessairement l'un des quatre nombres

$$1, \quad 2, \quad 3, \quad 6;$$

il y a donc quatre cas à distinguer, suivant que la fonction prend une, deux ou trois valeurs par les permutations de trois lettres, et enfin, le cas où la fonction prend toujours six valeurs distinctes par les permutations de trois lettres quelconques.

1°. Supposons que la fonction V soit symétrique par rapport aux trois lettres b, c, d.

Dans ce cas, elle a quatre valeurs par les permutations des quatre lettres, ou elle n'en a qu'une seule. La fonction est semblable à l'un des deux types suivants

$$a, \quad a+b+c+d.$$

2°. Supposons que la fonction V ait deux valeurs par les permutations des trois lettres b, c, d.

Alors, elle a la forme
$$A + B\,(b - c)\,(b - d)\,(c - d),$$

en désignant par A et B des fonctions de a, b, c, d symétriques par rapport à b, c, d; ou mieux la forme

$$A + B\nu,$$

en posant

$$\nu = (a - b)(a - c)(a - d)(b - c)(b - d)(c - d).$$

Si A et B sont symétriques par rapport aux quatre lettres a, b, c, d, la fonction V a deux valeurs seulement et elle est semblable à la fonction type ν. Si, au contraire, l'une des fonctions A et B n'est symétrique que par rapport aux trois lettres b, c, d, la fonction V a huit valeurs, et elle est semblable au type

$$(b - c)(b - d)(c - d).$$

3°. Supposons que la fonction V ait trois valeurs par les permutations des trois lettres b, c, d.

Dans ce cas, elle est symétrique par rapport à deux de ces trois lettres. Admettons que ce soit par rapport à c et d. Alors, si la fonction V est symétrique par rapport aux trois lettres a, c, d, elle a quatre valeurs, et son type est indiqué plus haut.

Si V n'est pas symétrique par rapport aux lettres a, c, d, il peut arriver qu'elle soit symétrique par rapport aux lettres a et b, ou qu'elle ne le soit pas. Dans le dernier cas, le nombre des valeurs de V est évidemment égal au nombre des arrangements de quatre lettres deux à deux, c'est-à-dire à douze, et la fonction V est semblable au type

$$a + 2b - c - d.$$

Si la fonction V est, au contraire, symétrique par rapport aux lettres a et b en même temps qu'elle l'est par rapport aux lettres c et d, et que, de plus, elle change par le changement réciproque de a et b en c et d, le nombre de ses valeurs est évidemment égal au nombre des combinaisons de quatre lettres deux à deux, c'est-à-dire à 6, et la fonction est semblable au type

$$a + b - c - d.$$

J.-A. S.

Mais, si la fonction V, symétrique par rapport à a et b et par rapport à c et d, ne change pas par le changement réciproque de a et b en c et d, le nombre de ses valeurs est la moitié du nombre des combinaisons de quatre lettres deux à deux, c'est-à-dire 3, et la fonction est semblable aux deux types équivalents

$$(a + b - c - d)^2, \qquad ab + cd.$$

4°. Supposons maintenant que la fonction V ait toujours six valeurs distinctes par les permutations de trois quelconques des quatre lettres a, b, c, d. Le nombre total des valeurs de V doit diviser le produit $1.2.3.4 = 24$, et, d'après le lemme I, il doit être un multiple de 6; il sera donc égal à 6, 12 ou 24. Nous examinerons d'abord le premier cas.

Puisque la fonction V n'a que six valeurs distinctes, parmi les 24 permutations des 4 lettres a, b, c, d, il y en a quatre qui font acquérir à la fonction la même valeur; d'ailleurs deux permutations, où l'une des quatre lettres a, b, c, d occupe la même place, ne peuvent correspondre à des valeurs égales de V, puisque cette fonction prend ses six valeurs par les permutations de trois lettres quelconques; donc les quatre permutations qui font acquérir à V la même valeur sont comprises dans les dix suivantes :

(1) a, b, c, d; (2) b, a, d, c; (5) c, d, a, b; (8) d, c, b, a;

(3) b, c, d, a; (6) c, d, b, a; (9) d, c, a, b;

(4) b, d, a, c; (7) c, a, d, b; (10) d, a, b, c.

Or les six permutations (3), (4), (6), (7), (9), (10) se déduisent de la première par une *substitution circulaire* [*]; il arrivera donc de deux choses l'une: ou bien la fonction V ne sera pas changée par une substitution circulaire effectuée sur les quatre lettres qu'elle renferme,

---

[*] Une substitution est dite circulaire lorsque, ayant écrit un certain nombre de lettres dans un ordre quelconque aux sommets d'un polygone régulier, la substitution consiste à remplacer chaque lettre par celle qui la suit.

ou bien les permutations (1), (2), (5), (8), c'est-à-dire

$$a, \quad b, \quad c, \quad d;$$
$$b, \quad a, \quad d, \quad c;$$
$$c, \quad d, \quad a, \quad b;$$
$$d, \quad c, \quad b, \quad a;$$

lui feront acquérir la même valeur. Dans ce dernier cas, la fonction V ne change pas quand on transpose deux lettres quelconques, pourvu qu'on transpose en même temps les deux autres. Elle est semblable au type

$$(a - b)\,(c - d).$$

Si, au contraire, la fonction V reste invariable par une permutation circulaire, par exemple par celle qui équivaut au changement de a, b, c, d en c, d, b, a, et qu'on représente par la notation

$$\begin{pmatrix} a & b & c & d \\ c & d & b & a \end{pmatrix},$$

elle ne changera pas non plus en répétant deux ou trois fois cette même permutation, car l'égalité

$$\varphi\,(a, b, c, d) = \varphi\,(c, d, b, a)$$

entraîne les deux suivantes : .

$$\varphi\,(c, d, b, a) = \varphi\,(b, a, d, c),$$
$$\varphi\,(b, a, d, c) = \varphi\,(d, c, a, b).$$

La fonction V est alors semblable au type

$$(a - b)\,(c - d)\,[(a - b)^2 - (c - d)^2].$$

Considérons maintenant le cas où la fonction V a douze valeurs. Alors elle doit nécessairement changer de valeur par une permutation circulaire des quatre lettres a, b, c, d, car autrement elle n'aurait que six valeurs, par conséquent, parmi les quatre permutations

$$a, \quad b, \quad c, \quad d;$$
$$b, \quad a, \quad d, \quad c;$$
$$c, \quad d, \quad a, \quad b;$$
$$d, \quad c, \quad b, \quad a.$$

Il y en a deux qui font acquérir la même valeur à la fonction V. En d'autres termes, la fonction V doit rester la même quand on fait les transpositions (a, b) et (c, d), ou (a, c) et (b, d), ou (a, d) et (b, c). La fonction est semblable au type

$$(a + 2b)(c + 2d),$$

qui ne change pas par l'effet des deux transpositions (a, c) et (b, d).

Enfin, si la fonction V a vingt-quatre valeurs, elle sera semblable au type

$$a + 2b + 3c + 4d.$$

Résumé.

Il résulte de cette discussion que les fonctions de quatre lettres peuvent être partagées en onze classes de la manière suivante :

1.º. Les fonctions symétriques ;

2.º. Les fonctions qui ont deux valeurs distinctes ;

3.º. Les fonctions qui ont trois valeurs distinctes ;

4.º. Les fonctions qui ont quatre valeurs distinctes. Elles sont symétriques par rapport à trois lettres ;

5.º. Les fonctions qui ont six valeurs et qui sont symétriques par rapport à deux lettres, et symétriques aussi par rapport aux deux autres ;

6.º. Les fonctions qui ont six valeurs et qui ne sont pas changées par une permutation circulaire des quatre lettres ;

7.º. Les fonctions qui ont six valeurs, et qui ne sont pas changées quand on transpose deux lettres, pourvu qu'on transpose aussi les deux autres ;

8°. Les fonctions qui ont huit valeurs. Elles n'ont que deux valeurs distinctes par les permutations de trois lettres;

9°. Les fonctions qui ont douze valeurs et qui sont symétriques par rapport à deux lettres;

10°. Les fonctions qui ont douze valeurs et qui ne sont pas symétriques par rapport à deux lettres. On peut disposer les quatre lettres en deux groupes tels, que les fonctions dont il s'agit ne soient pas changées par les transpositions simultanées des lettres de chaque groupe;

11°. Les fonctions qui ont vingt-quatre valeurs.

Remarque. Le nombre des valeurs d'une fonction de quatre lettres peut être un diviseur quelconque du produit $1.2.3.4$.

§ II.

Des fonctions de cinq lettres.

Nous distinguerons deux cas principaux que nous subdiviserons eux-mêmes en plusieurs. Le premier cas est celui des fonctions qui ont moins de six valeurs distinctes par les permutations de trois lettres. Le second cas, au contraire, est celui des fonctions qui prennent six valeurs distinctes par les permutations de trois lettres quelconques.

Premier cas.

Soit

$$V = \varphi\,(a,\, b,\, c,\, d,\, e)$$

une fonction de cinq lettres a, b, c, d, e, et supposons que cette fonction ait moins de six valeurs par les permutations des trois lettres c, d, e; ce nombre de valeurs étant un diviseur de $1.2.3 = 6$ ne peut être que l'un des trois nombres

$$1, \quad 2, \quad 3.$$

Nous allons analyser ces trois cas.

1°. *La fonction* V *est symétrique par rapport aux lettres c, d, e.*

Alors, si elle est symétrique par rapport à quatre lettres, b, c,

d, e par exemple, sans l'être par rapport aux cinq lettres, elle a cinq valeurs.

Si elle n'est pas symétrique par rapport à quatre lettres, mais qu'elle le soit par rapport à a et b, elle a dix valeurs. Enfin elle en a vingt si elle n'est pas symétrique par rapport à a et b.

La fonction est semblable à l'un des quatre types suivants :

$$a + \quad b + c + d + e,$$
$$2a + \quad b + c + d + e,$$
$$2a + 2b + c + d + e,$$
$$3a + 2b + c + d + e.$$

2°. *La fonction* V *a deux valeurs par les permutations des trois lettres* c, d, e.

Dans ce cas, on peut poser

$$\varphi(a, b, c, d, e) = A + B(c - d)(c - e)(d - e),$$

ou même

$$\varphi(a, b, c, d, e) = A + Bv,$$

en faisant, pour abréger,

$$v = (a - b)(a - c)(a - d)(a - e)(b - c)(b - d)(b - e)(c - d)(c - e)(d - e),$$

et en désignant par A et B des fonctions de a, b, c, d, e, symétriques par rapport à c, d, e, et dont le type a été indiqué plus haut.

Si A et B sont symétriques par rapport aux cinq lettres a, b, c, d, e, la fonction V n'a que deux valeurs, et elle est semblable au type v. Autrement, je dis qu'elle a dix, vingt ou quarante valeurs.

Rappelons d'abord que la fonction V change par une transposition quelconque des trois lettres c, d, e, et qu'elle ne change pas par une permutation circulaire de ces trois lettres, dont l'effet équivaut à celui de deux transpositions. La fonction V changera aussi de valeur si l'on remplace les deux lettres a et b par deux autres d, e, quel que soit l'ordre qu'on adopte pour les trois dernières ; si, en effet, on avait

$$\varphi(a, b, c, d, e) = \varphi(d, e, \ldots),$$

la fonction V n'aurait que deux valeurs par les permutations des lettres a, b, c, et, par conséquent, elle ne changerait pas de valeur par une permutation circulaire de ces trois lettres. Mais si la fonction V n'est changée par aucune permutation circulaire de a, b, c et de c, d, e, elle ne changera par aucune permutation circulaire de trois lettres quelconques. D'où il résulte que deux transpositions quelconques sont équivalentes, et, par suite, que la fonction V n'a que deux valeurs, ce qui est contraire à l'hypothèse.

Soient maintenant V' et V'' les deux valeurs que prend V par les permutations des lettres c, d, e, et posons

$$X = (x - V')(x - V'') ;$$

la fonction X étant symétrique par rapport à c, d, e, le nombre μ de ses valeurs est égal à 5, 10 ou 20. Soient

$$X_1 = (x - V'_1)(x - V''_1),$$
$$X_2 = (x - V'_2)(x - V''_2),$$
$$\dots \dots \dots \dots \dots$$
$$X_\mu = (x - V'_\mu)(x - V''_\mu),$$

les μ valeurs de X qui sont, par hypothèse, différentes. Je dis que deux de ces valeurs ne sauraient avoir un facteur commun. Supposons, en effet, que l'on ait

$$V'_1 = V'_2 \quad \text{ou} \quad = V''_2.$$

D'après ce que nous venons de montrer tout à l'heure, deux des trois dernières lettres de V_1 doivent faire partie des trois dernières lettres de V_2 ou de V'_2; mais, en faisant la transposition de ces deux lettres, la précédente équation devient

$$V''_1 = V''_2 \quad \text{ou} \quad = V'_2,$$

et, par conséquent, X_1 et X_2 sont identiques, ce qui est contre l'hypothèse. En égalant à zéro le produit de toutes les fonctions X, on aura une équation de degré 2μ dont les coefficients seront des fonctions symétriques, et dont les 2μ racines toutes inégales seront les valeurs de la fonction V.

La fonction V a donc dix, vingt ou quarante valeurs, suivant que μ est égal à 5, 10 ou 20.

Si l'on a $\mu = 5$, la fonction X est symétrique par rapport à quatre lettres, b, c, d, e par exemple, et alors la fonction V n'a que deux valeurs par les permutations de ces quatre lettres ; elle a la forme

$$A + B v,$$

où A et B désignent des fonctions symétriques de b, c, d, e, dont l'une au moins n'est pas symétrique par rapport aux cinq lettres, et elle est semblable au type

$$a v.$$

Si l'on a $\mu = 10$, la fonction X est symétrique par rapport aux lettres a et b ; mais il peut arriver deux cas : ou bien les deux facteurs de X sont chacun symétriques par rapport à a et b, ou bien ils se changent l'un dans l'autre par la transposition (a, b). Dans le premier cas, la fonction V est symétrique par rapport à a et b et a deux valeurs par les permutations de c, d, e ; elle a donc la forme

$$A + B (c - d) (c - e) (d - e),$$

où A et B désignent des fonctions symétriques par rapport à a et b en même temps que par rapport à c, d, e. Elle est semblable au type

$$(a + b) (c - d) (c - e) (d - e).$$

Mais il n'en est plus de même si les facteurs de X se changent l'un dans l'autre par la transposition (a, b), comme par la transposition de deux quelconques des trois lettres c, d, e. Alors, en posant

$$V'_1 = A + B (c - d) (c - e) (d - e),$$
$$V''_1 = A - B (c - d) (c - e) (d - e),$$

comme V'_1 et V''_1 se changent l'une dans l'autre par la transposition (a, b), leur somme et leur produit ne changeront pas, et, par conséquent, A et B^2 sont des fonctions symétriques de a et b ; d'ailleurs B ne peut être elle-même symétrique par rapport à a et b, elle a donc la forme $B' (a - b)$, et l'on peut poser

$$V = A + B (a - b) (c - d) (c - e) (d - e),$$

en désignant ici par A et B des fonctions symétriques par rapport à a et b en même temps que par rapport à c, d, e. Le type de la fonction V est alors

$$(a - b)(c - d)(c - e)(d - e).$$

Enfin, si $\mu = 20$, la fonction V a 40 valeurs; il n'y a donc que les permutations circulaires des trois lettres c, d, e qui la laissent invariable, et, par conséquent, la fonction V est semblable au type

$$(a + 2b)(c - d)(c - e)(d - e).$$

Remarque. Les fonctions de cinq lettres qui ont deux valeurs par les permutations de trois lettres offrent cinq types différents; mais elles sont toutes comprises dans la formule générale

$$A + B(c - d)(c - e)(d - e),$$

où A et B désignent des fonctions des cinq lettres a, b, c, d, e, symétriques par rapport aux trois dernières.

3°. *La fonction V a trois valeurs par les permutations des trois lettres c, d, e.*

Alors elle est symétrique par rapport à deux lettres d et e par exemple. Si elle a une ou deux valeurs seulement par les permutations des trois lettres a, b, c, elle se trouve comprise dans l'une des deux catégories que nous venons d'étudier. Nous supposerons donc que V a trois ou six valeurs par les permutations des lettres a, b, c.

Si la fonction V a trois valeurs par les permutations des lettres a, b, c, elle est symétrique par rapport à deux de ces lettres. Supposons que ce soient b et c. Comme nous nous sommes déjà occupés du cas des fonctions symétriques par rapport à trois lettres, il n'y a ici que deux cas à distinguer : ou bien la fonction V, symétrique par rapport à b et c en même temps que par rapport à d et e, change par le changement réciproque de b et c en d et e, ou bien elle ne change pas. Dans le premier cas, il est évident que le nombre des valeurs de la fonction est égal à cinq fois le nombre des combinaisons de quatre lettres deux à deux, c'est-à-dire à 30; dans le second cas, ce nombre de valeurs est moitié moindre. Dans le premier cas, la fonction est semblable au type

$$a^2 + bc - de;$$

dans le second cas, elle a pour type

$$a^2 + bc + de,$$

fonction qui a quinze valeurs.

Si la fonction V a six valeurs par les permutations des trois lettres a, b, c, comme elle est symétrique par rapport à d et e, elle aura évidemment un nombre de valeurs égal au nombre des arrangements de cinq lettres trois à trois, c'est-à-dire à 60. La fonction est alors semblable au type

$$a + 2b + 3c + 4d + 4e.$$

Second cas.

Soit maintenant

$$V = \varphi\,(a, b, c, d, e)$$

une fonction de cinq lettres a, b, c, d, e, qui prend toujours six valeurs distinctes par les permutations de trois lettres quelconques.

Je dis d'abord que la fonction V, considérée comme fonction de quatre lettres seulement, b, c, d, e par exemple, ne peut avoir un nombre de valeurs égal à 8. En effet, le nombre des valeurs de V par les permutations de trois quelconques des quatre lettres b, c, d, e étant toujours égal à 6, le nombre des valeurs que prend cette fonction par les permutations des quatre lettres b, c, d, e doit être un multiple de 6 en vertu du lemme I; ce nombre de valeurs est donc égal à 6, 12 ou 24.

Si la fonction V a six valeurs seulement par les permutations de quatre lettres, le nombre de ses valeurs sera un diviseur de 30, d'après le lemme II, et il sera un multiple de 6 d'après le lemme 1, puisque le nombre des valeurs que prend V par les permutations de quatre lettres est toujours l'un des nombres 6, 12 ou 24. Donc le nombre des valeurs de V est nécessairement 6 ou 30.

Si la fonction V a plus de six valeurs par les permutations de quatre lettres quelconques, mais qu'il y ait quatre lettres dont les permutations lui fassent acquérir un nombre de valeurs égal à 12, le nombre total des valeurs de V sera un diviseur de 60 d'après le lemme II, et il sera un multiple de 12 d'après le lemme I, puisque, dans ce cas, la fonction a toujours douze ou vingt-quatre valeurs par les permutations de quatre lettres. Donc le nombre total des valeurs de V est 12 ou 60.

Enfin, si la fonction V a toujours vingt-quatre valeurs par les permutations de quatre lettres, le nombre total de ses valeurs, devant être à la fois un diviseur de 120 et un multiple de 24, sera nécessairement 24 ou 120.

Notre second cas se subdivise donc en six autres que nous allons discuter.

1°. *La fonction* V *a six valeurs.*

Puisque la fonction V, considérée comme fonction de quatre lettres, a, b, c, d par exemple, prend ses six valeurs par les permutations de trois lettres quelconques, elle ne change pas par une certaine permutation circulaire de ces quatre lettres, ou bien la transposition de deux quelconques de ces quatre lettres équivaut à la transposition des deux autres, ainsi qu'on l'a vu dans le § I de ce Mémoire. Dans l'un et l'autre cas, il y a deux lettres parmi les quatre a, b, c, d dont la transposition équivaut à la transposition des deux autres; car si la fonction V n'est pas changée par une permutation circulaire de quatre lettres, elle ne changera pas non plus en répétant une seconde fois cette même permutation, mais alors on n'aura produit d'autre changement que la transposition de deux des quatre lettres a, b, c, d, en même temps que la transposition des deux autres. Supposons, par exemple, que l'on ait

$$(1) \qquad\qquad (a, d) = (b, c).$$

Pareillement, parmi les quatre lettres a, b, c, e, il y en a deux dont la transposition équivaut à la transposition des deux autres. Or (a, e) ne peut être égale à (b, c); car, à cause de l'égalité (1), les transpositions (a, d) et (a, e) qui ont une lettre commune seraient équivalentes, et, par conséquent, la fonction V n'aurait pas six valeurs distinctes par les permutations des lettres a, d, e, comme nous l'avons supposé.

Les transpositions (a, b) et (c, e) ou (a, c) et (b, e) sont donc égales;

supposons

$$(2) \qquad (a, b) = (c, e) \, [{}^*].$$

Maintenant, en ayant égard aux égalités (1) et (2) et se rappelant que deux transpositions qui ont une lettre commune ne peuvent être égales, les trois combinaisons des cinq lettres a, b, c, d, e, quatre à quatre, que nous n'avons pas encore considérées, donneront nécessairement

$$(3) \qquad (a, e) = (b, d),$$
$$(4) \qquad (a, c) = (d, e),$$
$$(5) \qquad (b, e) = (c, d).$$

Ainsi les dix transpositions que l'on peut faire avec les cinq lettres a, b, c, d, e sont équivalentes deux à deux. Il en résulte qu'il y a une permutation circulaire des cinq lettres a, b, c, d, e, qui ne change pas la fonction V. En effet, la fonction V ne change pas si l'on transpose la première lettre avec la quatrième, et la deuxième avec la troisième; on a donc

$$\varphi(a, b, c, d, e) = \varphi(d, c, b, a, e).$$

Pareillement, le second membre ne changera pas si l'on transpose la première lettre avec la troisième, et la quatrième avec la cinquième; on a donc

$$\varphi(a, b, c, d, e) = \varphi(b, c, d, e, a),$$

et, par conséquent, on voit que la fonction V n'est pas changée par la permutation circulaire de cinq lettres

$$\begin{pmatrix} a & b & c & d & e \\ b & c & d & e & a \end{pmatrix}.$$

Je dis, en outre, qu'il y a une permutation circulaire des quatre lettres b, c, d, e qui ne change pas la fonction V; en effet, s'il en était autrement, comme la fonction V prend ses six valeurs par les

---

[*] On peut toujours faire cette hypothèse, sauf à changer le nom des lettres de V.

permutations de trois quelconques des lettres b, c, d, e, la transposition de deux quelconques de ces quatre lettres serait équivalente à la transposition des deux autres; on aurait, par exemple,

$$(b, c) = (d, e),$$

et les égalités (1) et (3) donneraient

$$(a, c) = (a, d),$$

ce qui est impossible puisque ces deux transpositions ont une lettre commune. Il est aisé de découvrir quelle est la permutation circulaire des quatre lettres b, c, d, e qui laisse la fonction V invariable; car, en répétant deux fois cette permutation circulaire, on ne produit d'autre effet que la transposition de deux lettres en même temps que la transposition des deux autres. Ces deux transpositions devant être égales ne peuvent être que (b, e) et (c, d); d'où l'on conclut aisément que la permutation circulaire des lettres b, c, d, e, qui n'altère pas V, est

$$\begin{pmatrix} b & c & e & d \\ c & e & d & b \end{pmatrix} \quad \text{ou} \quad \begin{pmatrix} b & d & e & c \\ d & e & c & b \end{pmatrix}.$$

Mais il est évident que chacune de ces permutations laissera V invariable, car chacune d'elles produit le même effet que l'autre répétée trois fois.

Ainsi la fonction que nous considérons demeure invariable par les deux permutations circulaires

$$\begin{pmatrix} a & b & c & d & e \\ b & c & d & e & a \end{pmatrix}, \quad \begin{pmatrix} b & c & e & d \\ c & e & d & b \end{pmatrix}.$$

Concluons donc que les fonctions de cinq lettres qui ont six valeurs sont invariables par deux permutations circulaires, l'une de cinq, l'autre de quatre lettres, et que les fonctions de ce genre sont toutes semblables à un même type. On peut prendre pour type de ces fonctions, l'une de celles que Lagrange a considérées dans son étude sur la résolution générale des équations. Ce sont les fonctions symétriques des cinq expressions suivantes :

$$(a + b\alpha + c\alpha^2 + d\alpha^3 + e\alpha^4)^5,$$
$$(a + b\varepsilon + c\varepsilon^2 + d\varepsilon^3 + e\varepsilon^4)^5,$$
$$(a + b\gamma + c\gamma^2 + d\gamma^3 + e\gamma^4)^5,$$
$$(a + b\delta + d\delta^2 + d\delta^3 + e\delta^4)^5,$$

où α, ε, γ, δ désignent les quatre racines de l'équation

$$x^4 + x^3 + x^2 + x + 1 = 0.$$

On peut aussi déduire de notre analyse un type assez simple des fonctions de cinq lettres qui ont six valeurs. Si l'on forme les produits deux à deux des cinq lettres a, b, c, d, e, que l'on ajoute ensemble les deux produits qui correspondent à deux transpositions équivalentes, et qu'on multiplie la somme par le carré de la cinquième lettre qui n'y entre pas, on obtiendra les cinq fonctions suivantes :

$$(ad + bc)\,e^2,$$
$$(ab + ce)\,d^2,$$
$$(ae + bd)\,c^2,$$
$$(ac + de)\,b^2,$$
$$(be + cd)\,a^2.$$

Or, si l'on applique à ces fonctions l'une quelconque des deux substitutions circulaires

$$\begin{pmatrix} a & b & c & d & e \\ b & c & d & e & a \end{pmatrix}, \quad \begin{pmatrix} b & c & e & d \\ c & e & d & b \end{pmatrix},$$

elles ne font que s'échanger les unes dans les autres; donc leur somme ne changera par aucune de ces permutations, et comme d'ailleurs elle n'est pas symétrique, elle aura six valeurs distinctes. On peut donc prendre pour type des fonctions de cinq lettres qui ont six valeurs, la fonction suivante,

$$a^2(be + cd) + b^2(ac + dc) + c^2(ae + bd) + d^2(ab + ce) + e^2(ad + bc),$$

qui est homogène et du quatrième degré.

2º. *La fonction* V *a trente valeurs.*

Comme elle a six valeurs par les permutations de trois quelconques des quatre lettres b, c, d, e, considérée comme fonction de ces quatre lettres, elle est semblable à l'un des deux types

$$(b - c)(d - e),$$
$$(b - c)(d - e)\,[(b - c)^2 - (d - e)^2].$$

Les fonctions que nous considérons forment donc deux classes. Les permutations qui laissent invariables les fonctions de la première classe sont les transpositions simultanées que l'on forme en partageant quatre lettres en deux groupes. Les fonctions de la seconde espèce ne sont pas changées par une permutation circulaire de quatre lettres. On peut prendre les deux fonctions qu'on vient d'écrire pour types des fonctions de cinq lettres qui ont trente valeurs, et qui en ont toujours six par les permutations de trois lettres quelconques.

3º. *La fonction* V *a douze valeurs.*

Dans ce cas, la fonction V prend ses douze valeurs par les permutations de quatre lettres quelconques, comme nous en avons déjà fait la remarque au commencement de ce paragraphe. En outre, comme de ces douze valeurs elle en prend toujours six par les permutations de trois lettres quelconques, il résulte de ce qui a été dit dans le § I, qu'on peut partager quatre quelconques des cinq lettres a, b, c, d, e en deux groupes tels, que la transposition des lettres du premier groupe soit équivalente à la transposition des lettres du second groupe. D'où il résulte, comme nous l'avons vu précédemment, que les dix transpositions sont équivalentes deux à deux, et que la fonction V n'est pas changée par une permutation circulaire de cinq lettres.

On voit donc que les fonctions de cinq lettres qui ont douze valeurs restent invariables par une permutation circulaire de cinq lettres, $\begin{pmatrix} a & b & c & d & e \\ b & c & d & e & a \end{pmatrix}$ par exemple, et par les transpositions simultanées (a, d) et (b, c).

On peut prendre pour type le produit

$$vy,$$

en posant

$$v = (a - b)\,(a - c)\,(a - d)\,(a - e)\,(b - c)\,(b - d)\,(b - e)\,(c - d)\,(c - e)\,(d - e),$$

et en désignant par y une fonction de cinq lettres qui a six valeurs.

4°. *La fonction* V *a soixante valeurs.*

Considérée comme fonction des quatre lettres b, c, d, e, elle a douze valeurs et elle est semblable au type

$$(b + 2\,c)\,(d + 2\,e),$$

d'après le § I. La seule permutation qui ne change pas sa valeur équivaut aux deux transpositions simultanées (b, d), (c, e); donc les fonctions de cinq lettres, qui ont soixante valeurs et qui en ont six par les permutations de trois lettres quelconques, sont semblables au type qu'on vient d'écrire.

5°. *La fonction* V *a vingt-quatre valeurs.*

Dans ce cas, il y a cinq permutations qui donnent à la fonction V la même valeur. Désignons par A et A′ deux permutations quelconques donnant à V la même valeur. Je dis que A′ doit nécessairement se déduire de A par une permutation circulaire de cinq lettres. En effet, A′ se déduit nécessairement de A

> ou par une permutation circulaire de cinq lettres,
> ou par une permutation circulaire de quatre lettres,
> ou par une permutation circulaire de trois lettres
> jointe à une transposition,
> ou par une seule permutation circulaire de trois lettres,
> ou par deux transpositions,
> ou par une transposition.

Le deuxième, le quatrième, le cinquième et le sixième cas sont impossibles, car la fonction V n'aurait pas vingt-quatre valeurs par les permutations de quatre lettres.

Le troisième cas est également impossible, car en répétant trois fois l'opération par laquelle on passe de la permutation A à la permutation A′, en obtiendrait une permutation A″ qui donnerait à V la même valeur que la permutation A. Or A et A″ se déduisent l'une de l'autre par une simple transposition, et la fonction V n'est pas symétrique par rapport à deux lettres; donc, etc.

Donc la fonction V n'est pas changée par une permutation circulaire de cinq lettres.

Il suit de là que les fonctions de cinq lettres qui ont vingt-quatre valeurs sont semblables. On peut prendre pour type la fonction résolvante de Lagrange pour l'équation du cinquième degré, savoir

$$(a + b\alpha + c\alpha^2 + d\alpha^3 + e\alpha^4)^5,$$

où α désigne une racine de l'équation

$$x^4 + x^3 + x^2 + x + 1 = 0.$$

6°. *La fonction* V *a cent vingt valeurs.*

On peut prendre pour type

$$a + 2b + 3c + 4d + 5e.$$

Résumé.

Il résulte de cette discussion que les fonctions de cinq lettres peuvent être partagées en dix-neuf classes de la manière suivante :

1°. Les fonctions symétriques.

2°. Les fonctions qui ont deux valeurs distinctes.

3°. Les fonctions qui ont cinq valeurs distinctes; elles sont symétriques par rapport à quatre lettres.

4°. Les fonctions qui ont six valeurs distinctes. Il y a une permutation circulaire de cinq lettres et une de quatre qui ne changent pas leur valeur.

5°. Les fonctions qui ont dix valeurs et qui sont symétriques par rapport à trois lettres.

6°. Les fonctions qui ont dix valeurs et qui ont deux valeurs par les permutations de quatre lettres.

J.-A. S.

9

7°. Les fonctions qui ont douze valeurs. Il y a une permutation circulaire de cinq lettres qui ne change pas leur valeur. On peut aussi grouper quatre lettres quelconques deux à deux, de manière que les transpositions simultanées des lettres de chaque groupe ne changent pas les fonctions de cette espèce.

8°. Les fonctions qui ont quinze valeurs. Elles sont symétriques par rapport à deux lettres, symétriques aussi par rapport à deux autres, et, de plus, elles ne changent pas en transposant les deux premières respectivement avec les deux dernières.

9°. Les fonctions qui ont vingt valeurs et qui sont symétriques par rapport à trois lettres.

10°. Les fonctions qui ont vingt valeurs, qui sont symétriques par rapport à deux lettres, et ont deux valeurs par les permutations des trois autres lettres.

11°. Les fonctions qui ont vingt valeurs, et qui ont deux valeurs par les permutations de trois lettres, sans être symétriques par rapport aux deux autres.

12°. Les fonctions qui ont vingt-quatre valeurs. Il y a une permutation circulaire de cinq lettres qui ne change pas leur valeur.

13°. Les fonctions qui ont trente valeurs et qui sont symétriques par rapport à deux lettres, symétriques aussi par rapport à deux autres, mais qui changent quand on transpose les deux premières respectivement avec les deux autres.

14°. Les fonctions qui ont trente valeurs et qui ne changent pas par une permutation circulaire de quatre lettres.

15°. Les fonctions qui ont trente valeurs et qui contiennent quatre lettres, de telle manière qu'elles ne changent pas quand on transpose deux quelconques de ces quatre lettres, pourvu qu'on transpose en même temps les deux autres.

16°. Les fonctions qui ont quarante valeurs. Elles n'ont que deux valeurs par les permutations de trois des cinq lettres.

17°. Les fonctions qui ont soixante valeurs et qui sont symétriques par rapport à deux lettres.

18°. Les fonctions qui ont soixante valeurs et qui ne sont pas symétriques par rapport à deux lettres.

19°. Les fonctions qui ont cent vingt valeurs.

Remarque. Tout diviseur du produit 1.2.3.4.5, à l'exception de 3, 4 et 8, peut représenter le nombre des valeurs d'une fonction de cinq lettres.

§ III.

Des fonctions de six lettres qui ont six valeurs distinctes.

Dans le Mémoire précédent, j'ai démontré qu'une fonction de n lettres qui a précisément n valeurs distinctes, est symétrique par rapport à $n - 1$ lettres, à moins que n ne soit égal à 6. Les fonctions de six lettres constituent ainsi une exception digne de remarque; j'indiquerai, en terminant ce Mémoire, la composition des fonctions de six lettres non symétriques par rapport à cinq lettres et qui offrent cependant six valeurs distinctes.

Soit

$$V = \varphi(a, b, c, d, e, f)$$

une fonction de six lettres qu'on suppose avoir six valeurs distinctes.

Le nombre des valeurs qu'on peut obtenir par les permutations des cinq lettres

$$a, \quad b, \quad c, \quad d, \quad e,$$

ne pouvant être égal ni à 3 ni à 4, sera l'un des quatre suivants :

$$1, \quad 2, \quad 5, \quad 6.$$

Dans le premier cas, la fonction V est symétrique par rapport à cinq lettres, et elle a effectivement six valeurs distinctes.

Le deuxième cas est impossible, car le nombre total des valeurs de V serait égal à 2 ou à 12, ce qui est contre l'hypothèse.

Dans le troisième cas, la fonction V a cinq valeurs par les permutations de cinq lettres, et elle en a six par les permutations des six lettres; il en résulte que la fonction V est symétrique par rapport à cinq lettres.

9..

Il suit de là que si la fonction V n'est pas symétrique par rapport à cinq lettres, elle doit prendre ses six valeurs par les permutations de cinq lettres quelconques. D'ailleurs on a vu, dans le paragraphe précédent, qu'une fonction de cinq lettres qui a six valeurs, prend ses six valeurs par les permutations de trois lettres quelconques : donc, *une fonction de six lettres, qui a six valeurs distinctes et qui n'est pas symétrique par rapport à cinq lettres, prend ses six valeurs par les permutations de trois lettres quelconques.*

En considérant V comme fonction des cinq lettres a, b, c, d, e, on a vu que cette fonction n'est pas changée par une permutation circulaire de cinq lettres et par une de quatre ; soient, comme dans le paragraphe précédent,

$$\begin{pmatrix} a & b & c & d & e \\ b & c & d & e & a \end{pmatrix}, \quad \begin{pmatrix} b & c & e & d \\ c & e & d & b \end{pmatrix},$$

ces deux permutations. Pour établir que la fonction V n'est pas changée par la première des deux permutations circulaires précédentes, nous avons démontré que les dix transpositions que l'on obtient en combinant deux à deux les cinq lettres a, b, c, d, e, sont équivalentes deux à deux : on a

$$(a,\, d) = (b,\, c),$$
$$(a,\, b) = (c,\, e),$$
$$(a,\, e) = (b,\, d),$$
$$(a,\, c) = (d,\, e),$$
$$(b,\, e) = (c,\, d);$$

ce qui, au surplus, peut être déduit, à postériori, de ce que la fonction V n'est pas changée par les deux permutations circulaires écrites plus haut.

Si maintenant on considère les quinze transpositions qu'on obtient en combinant les six lettres deux à deux, il est évident que les cinq qui contiennent la lettre f devront être respectivement équivalentes à cinq des dix autres ; et comme deux transpositions qui ont une lettre commune ne peuvent être équivalentes, ainsi que j'en ai fait la remarque dans le paragraphe précédent, on aura nécessairement

$$(a, d) = (b, c) = (e, f),$$
$$(a, b) = (c, e) = (d, f),$$
$$(a, e) = (b, d) = (c, f);$$
$$(a, c) = (d, e) = (b, f),$$
$$(b, e) = (c, d) = (a, f).$$

Ainsi, en particulier, on ne changera pas V en y faisant simultanément les deux transpositions (c, e) et (d, f); on aura donc

$$V = \varphi(a, b, e, f, c, d).$$

Maintenant nous savons que la fonction V n'est pas changée par la permutation circulaire

$$\begin{pmatrix} 1.2.3.4.5 \\ 2.3.4.5.1 \end{pmatrix} [*];$$

on aura donc

$$V = \varphi(b, e, f, c, a, d).$$

Enfin, comme cette fonction n'est pas changée non plus par la permutation circulaire

$$\begin{pmatrix} 2.3.5.4 \\ 3.5.4.2 \end{pmatrix},$$

on aura

$$V \quad \text{ou} \quad \varphi(a, b, c, d, e, f) = \varphi(b, f, a, e, c, d);$$

on voit donc que la fonction V n'est pas changée par la permutation circulaire de six lettres

$$\begin{pmatrix} a & b & c & d & e & f \\ b & f & a & e & c & d \end{pmatrix} \quad \text{ou} \quad \begin{pmatrix} a & b & f & d & e & c \\ b & f & d & e & c & a \end{pmatrix}.$$

Concluons donc que les fonctions de six lettres qui ont six valeurs, et qui ne sont pas symétriques par rapport à cinq lettres, ne sont pas changées :

---

[*] Nous indiquons par cette notation qu'il faut remplacer les lettres qui occupent les rangs 1, 2, 3, 4, 5, par celles qui occupent les rangs 2, 3, 4, 5, 1.

1°. Par une permutation circulaire de six lettres ;

2°. Par une de cinq lettres ;

3°. Par une de quatre lettres.

Il résulte aussi de notre analyse que toutes les fonctions de cette espèce sont semblables et peuvent s'exprimer rationnellement en fonction de l'une quelconque d'entre elles et de fonctions symétriques. Nous nous bornerons donc à indiquer la formation d'un type.

Formons les produits deux à deux des six lettres a, b, c, d, e, f, et faisons les sommes des trois produits correspondants aux transpositions équivalentes que nous avons écrites plus haut. On aura les cinq fonctions suivantes :

$$(1) \quad \begin{cases} ad + bc + ef, \\ ab + ce + df, \\ ae + bd + cf, \\ ac + de + bf, \\ be + cd + af; \end{cases}$$

or, si l'on applique l'une quelconque des substitutions circulaires

$$(2) \quad \begin{pmatrix} a & b & f & d & e & c \\ b & f & d & e & c & a \end{pmatrix}, \quad \begin{pmatrix} a & b & c & d & e \\ b & c & d & e & a \end{pmatrix}, \quad \begin{pmatrix} b & c & e & d \\ c & e & d & b \end{pmatrix},$$

aux fonctions (1), on voit qu'elles ne font que s'échanger les unes dans les autres : donc leur produit

$$(ad + bc + ef)(ab + ce + df)(ae + bd + cf)(ac + de + bf)(be + cd + af)$$

ne changera par aucune des substitutions circulaires (2), et, comme il n'est pas symétrique, il a précisément six valeurs.

La somme des expressions (1) est une fonction symétrique; il en est de même de la somme de leurs carrés : mais la somme de leurs cubes ne l'est pas, et peut être prise, aussi bien que le produit précédent, pour type des fonctions que nous considérons.

PARIS. — IMPRIMERIE DE BACHELIER,
rue du Jardinet, n° 12.

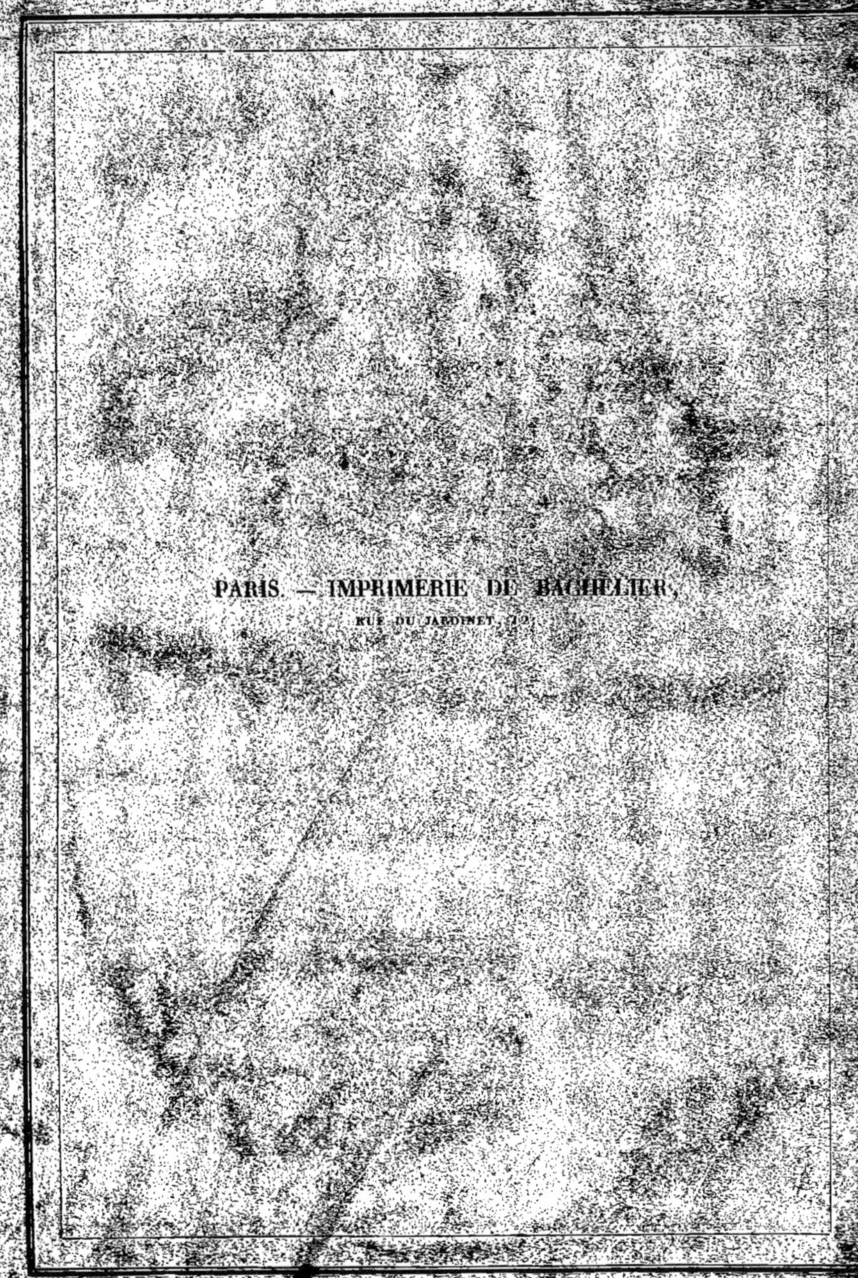

PARIS. — IMPRIMERIE DE BACHELIER,
RUE DU JARDINET, 12.